国家中等职业教育改革
发展示范学校建设项目成果教材

机械非标零部件手工制作

杨国勇　编　著

机械工业出版社

本书分上篇（基本技能）和下篇（综合技能）两部分，上篇是钳工基本技能知识，包括钳工实训场地的认识、錾削、锉削、锯削、孔加工和螺纹加工；下篇是钳工综合技能知识，包括键的制作、六角螺母的制作、金属锤的制作、平行夹的制作、角钢弯形件的制作。

本书特点：上篇按照明确工作目标和要求、布置工作任务、任务分析及加工工艺、操作示范演示、评价与总结等活动设计学习过程；下篇按照"接受工作任务，明确工作要求""工作准备""制订工作计划""制作过程""交付验收""成果展示、评价与总结"六个活动设计工作任务流程。另外，每个工作任务都有建议的学时数，便于师生使用。学生通过完成工作任务可学习相关的钳工基本技能以及相关的钳工工艺学、金属材料与热处理等理论知识，巩固机械制图的绘图及识图知识。

本书可供中等职业技术学校机电类专业的工学结合教学使用，也可供其他非钳工专业的工学结合教学使用。

图书在版编目（CIP）数据

机械非标零部件手工制作／杨国勇编著. —北京：机械工业出版社，2013.8

ISBN 978-7-111-43471-9

Ⅰ. ①机… Ⅱ. ①杨… Ⅲ. ①机械元件－制作 Ⅳ. ①TH16

中国版本图书馆 CIP 数据核字（2013）第 176892 号

机械工业出版社（北京市百万庄大街 22 号 邮政编码 100037）
策划编辑：汪光灿 责任编辑：汪光灿 王莉娜
责任印制：李 洋 责任校对：潘 蕊
封面设计：张 静
2013 年 10 月第 1 版第 1 次印刷
三河市国英印刷有限公司印刷
184mm×260mm·8 印张·192 千字
0001—2000 册
标准书号：ISBN 978-7-111-43471-9
定价：20.00 元

前　言

　　本书是根据工学结合教学改革需要，按照工学结合教学模式编写而成的。全书分上篇和下篇两部分，上篇是基本技能的学习，下篇是基本技能的综合运用学习。下篇采用"任务引领""工作中学习，学习中工作"的方式，使学生通过明确任务、制订计划、做出决定、实施计划、过程控制和评价反馈等环节完成一个完整的工作任务。在工作过程中，不仅学习专业理论知识及专业技能，同时也学习完成任务的本领，提高学生的综合素质。

　　本书在编写内容安排上贯彻由浅入深、由易到难、循序渐进、逐步提高的原则。下篇中每个工作任务既有学习目标又有任务要求，使学生在工作过程中不仅了解学习目标，而且了解任务要求，既有任务产品图又有技能要点、操作过程指引，学生按照教材内容即可实施工作任务；学业评价中既有教师评价又有学生自评和互评，既有产品检测评分又有学习过程评价分，更能准确地评价每一个学生；每个工作任务中相关理论知识的学习图文并茂，并采用引导问题、学习拓展的方式出现，引导学生工作前学习相关理论知识及基本技能，学习后认真填写相关内容。

　　本书建议总学时为 290～310 学时，上篇 102～110 学时，下篇 188～200 学时。

　　本书在编写过程中，得到了广西石化高级技工学校领导与同事的大力支持，在此深表感谢。

　　由于编者水平有限，书中难免有不足之处，恳请广大读者批评指正。

杨国勇

目　录

上篇 基本技能

学习任务一 钳工实训场地的认识

学习目标

1）学会钳工基本操作技能。
2）能识别钳工常用设备。
3）能根据自身身高选择工位。

建议学时

2学时。

学习要求

1）了解钳工基本操作技能，认识钳工实训场地和常用设备，做好学习准备。
2）熟悉台虎钳的结构，选择合适的工位，并登记工位号。

工作任务

实训前了解钳工基本操作技能，参观钳工实训场地，熟悉学习环境，认识钳工常用设备，选择合适的工位并登记工位号。

1. 钳工基本技能

钳工基本技能包括划线、錾削、锯削、锉削、钻孔、扩孔、铰孔、锪孔、攻螺纹和套螺纹、矫正和弯形、铆接、刮削、研磨，以及基本测量和简单热处理工艺等。

2. 钳工常用设备

（1）钳台　用来安装台虎钳，放置工具和工件，高度约800～900mm，装上台虎钳后，钳口高度与人的手肘平齐为宜。其长宽可根据工作需要而定，如图1-1所示。

（2）台虎钳　它是钳工工作中用来夹持工件的夹具，有固定式和回转式两种类型。其规格以钳口宽度来表示，有 100mm、125mm、150mm 和 200mm 等，如图 1-2 所示。

在钳台上安装台虎钳时，必须使固定钳身的工作面处于钳台边缘以外，以保证夹持长条形工件时，工件的下端不受钳台边缘的阻碍。

（3）砂轮机　砂轮机用来刃磨钻头、錾子等刀具或其他工具，由电动机、砂轮和机体组成，如图 1-3 所示。

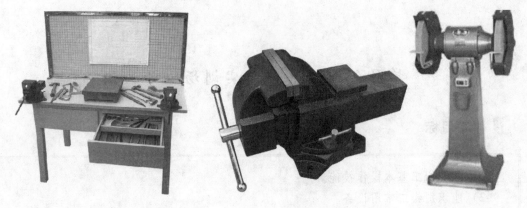

图 1-1　钳台	图 1-2　台虎钳	图 1-3　砂轮机

（4）钻床　用来对工件圆孔进行加工，有台式钻床、立式钻床和摇臂钻床等，如图 1-4 所示。

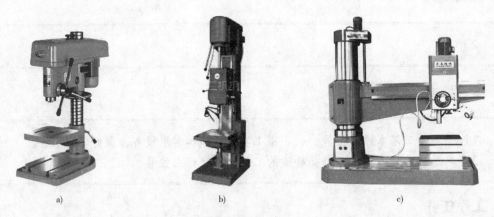

图 1-4　钻床
a）台式钻床　b）立式钻床　c）摇臂钻床

3. 工作安排

先根据个人身高选好工位，并做好工位号登记，然后领取个人工具，最后对台虎钳进行一次熟悉结构的拆装，并对台虎钳进行清洁去污、注油保养等工作。

🎀 任务小结

了解钳工基本操作技能和钳工常用设备，熟悉学习环境，做好学习前的准备是本工作任务的重点。

学习任务二 錾 削

学习活动1 錾削动作和姿势练习

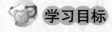 **学习目标**

会正确的錾削动作和姿势，錾削时锤击准确。

建议学时

6学时。

学习要求

1）掌握正确的錾子和锤子的握法及挥锤方法。

2）掌握正确的錾削动作、姿势及锤击要领。

3）严格遵守錾削有关安全操作要求。

工作任务

錾削动作和姿势练习。

1. 工作前准备

1）准备呆錾子、无刃口錾子、锤子、木垫、长方铁。

2）准备台虎钳和砂轮机。

3）准备 Q235 钢，规格不作要求，可采用废料进行练习。

2. 任务分析

1）本工作任务是锤击练习，主要练习錾削的站立姿势和锤子的握法、挥锤方法和锤击的准确性。

2）首先用呆錾子进行锤击练习（见图 2-1），然后再模拟錾削姿势进行练习（见图 2-2），采用正握法握錾、松握法挥锤，分别进行腕挥、肘挥和臂挥练习。

3. 实训步骤

1）将工件装夹在台虎钳上。

2）两脚按规定位置站立，左手握錾子，右手握锤子。

3）分别进行腕挥、肘挥和臂挥锤击练习。

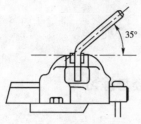

图 2-1　呆錾子锤击练习

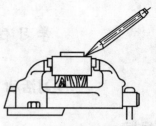

图 2-2　模拟錾削姿势练习

4. 安全注意事项

1) 钳台上须装防护网，防止发生伤人事故。

2) 錾子、锤子头部出现毛刺时，应及时磨去，以防伤手。

3) 錾子、锤子放置时不得露出钳台，以免掉下伤脚。

4) 錾子、锤子不得与量具放置一处，避免损坏量具。

5) 锤子木柄有松动或损坏时要及时更换，以防锤头飞出。

☞ 操作示范演示

1. 锤子的握法

如图 2-3 所示，锤子的握法分紧握法和松握法。紧握法是右手五指紧握锤柄，大拇指合在食指上，虎口对准锤头方向，柄尾端露出 20mm 左右，在挥锤和锤击过程中，五指始终紧握，如图 2-3a 所示。松握法是只用大拇指和食指始终握紧锤柄，挥锤时小指、无名指和中指则依次放松，锤击时又以相反的次序收拢握紧，如图 2-3b 所示。

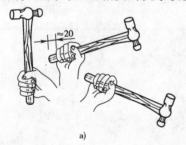

a)　　　　　　　　　b)

图 2-3　锤子的握法

a) 紧握法　b) 松握法

2. 錾子的握法

錾子的握法分正握法和反握法。正握法是用中指和无名指握住錾子，小指自然合拢，食指和大拇指自然伸直接触，錾子头部伸出约 20mm，如图 2-4a 所示。反握法是手心向上，手指自然捏住錾子，手掌中空，如图 2-4b 所示。

3. 挥锤的方法

挥锤的方法分腕挥、肘挥和臂挥。腕挥是紧握法握锤，挥动手腕进行锤击运动，錾削力较小，如图 2-5a 所示；肘挥是松握法握锤，

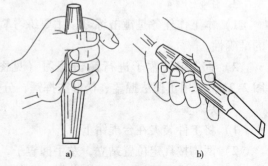

a)　　　　　　　b)

图 2-4　錾子的握法

a) 正握法　b) 反握法

手腕与肘部一起挥动进行锤击运动，錾削力较大，如图 2-5b 所示；臂挥是紧握法握锤，手腕、肘和全臂一起挥动进行锤击运动，其錾削力最大，如图 2-5c 所示。

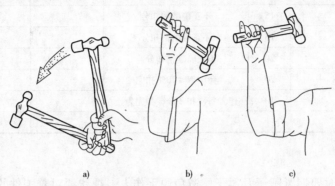

图 2-5 挥锤的方法
a）腕挥 b）肘挥 c）臂挥

4. 錾削的站立姿势

錾削操作时左脚超前半步，两腿自然站立，人体重心稍微偏于后脚，视线要落在工件的切削部位，如图 2-6 所示。

5. 錾削操作

挥锤时肘收臂提，举锤过肩，手腕后弓，三指微松，锤面朝天，稍停瞬间；锤击时目视錾刃，臂肘齐下，收紧三指，手腕加劲，锤錾一线，锤走弧形（见图 2-7），敲下加速，增大动能，左腿用力，右腿伸直。錾削操作要求稳（速度节奏每分钟 40 次左右）、准（命中率高）、狠（锤击有力）。

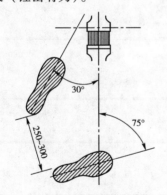

图 2-6 錾削的站立姿势

图 2-7 錾削操作

学习评价

完成练习后，根据给出的标准进行自评和教师评分工作，填写表 2-1。

表 2-1 评分记录表

考核内容	配分	评分标准	自评得分	教师评分
錾子、锤子握法正确	10	不正确酌情扣分		
站立位置、身体姿势正确	10	不正确酌情扣分		

（续）

考核内容	配分	评分标准	自评得分	教师评分
腕挥姿势正确	15	不正确酌情扣分		
肘挥姿势正确	15	不正确酌情扣分		
臂挥姿势正确	20	不正确酌情扣分 =		
命中率≥90%	20	命中率≤70%扣完		
安全文明生产	10	违者每次扣2分，扣完为止		
合计				

 任务小结

进行锤击练习时要握紧锤子及錾子，避免脱手伤人，视线要对着工件的錾削部位，不可对着錾子的锤击头部。锤击的准确性主要是靠掌握和控制好手的运动轨迹及其位置来达到，要经过反复多练才能掌握。本工作任务的重点是腕挥、肘挥、臂挥锤击练习，应达到锤击有力、准、稳，命中率高的要求。

学习活动 2　钢件的錾削加工

 学习目标

1）会根据工件材料的硬度刃磨錾子楔角。
2）能熟练进行正面起錾及斜角起錾操作。
3）能进行平面錾削并控制尺寸精度。

 建议学时

16 学时。

学习要求

1）掌握平面錾削以及刃磨錾子的方法。
2）掌握游标卡尺的正确使用方法。
3）做到安全和文明操作。

工作任务

进行图 2-8 所示钢件的錾削加工。
1. 工件图
工件图如图 2-8 所示。

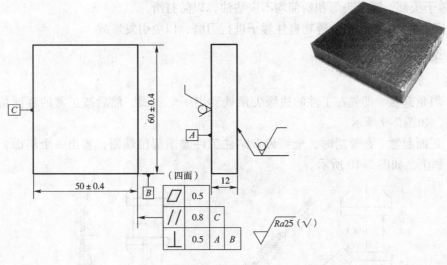

图 2-8　工件图

2. 工作前准备

1）准备扁錾、尖錾、锤子、木垫块、软钳口、刀口形直角尺、宽座直角尺、游标卡尺、高度游标卡尺、铸铁平板和 V 形块。

2）准备台虎钳和砂轮机。

3）准备 Q235 钢工件，规格为 62mm×52mm×12mm。

3. 任务分析

1）本任务是窄平面的錾削，扁錾刃口的宽度应比工件略宽些，根据工件材料硬度，錾子楔角取 50°～60°。

2）錾削第一面时，可不划线，选择毛坯件四面中较平直的面为第一个加工面。

3）为了保证工件的平面度和垂直度，要使用刀口形直角进行检测，为了保证工件的平行度和尺寸精度，要使用游标卡尺进行检测。

4. 实训步骤

1）毛坯件加工面中较平直的面为第一个錾削面，保证此錾削面的平面度要求即可。

2）以第一面为基准，用高度游标卡尺划出第二面的 50mm 尺寸线，然后錾削第二面，保证尺寸 50±0.4mm 和錾削面的平面度要求。

3）以第一面为基准，利用宽座直角尺划出第三面加工线，要求垂直于第一、二面，然后按线錾削第三面，保证錾削面的平面度和垂直度要求。

4）以第三面为基准，用高度游标卡尺划出第四面的 60mm 尺寸线，然后錾削第四面，保证尺寸 60±0.4mm 和錾削面的平面度、垂直度要求。

5. 安全注意事项

1）工件必须夹紧，以伸出钳口高度 10～15 mm 为宜，同时下面要加木垫块。

2）錾削时要防止切屑飞出伤人，操作者需戴上防护眼镜。

3）錾削时要抓紧錾子，防止錾子脱手伤人。

4）錾子用钝后要及时刃磨，并保持正确的楔角，以防錾子从錾削部位滑出。

5）錾屑要用刷子刷掉，不得用手擦或用嘴吹。

6）錾子头部、锤子头部和柄部均不应沾油，以防打滑。

7）不可戴手套或用棉纱等物裹住錾子进行刃磨，以免引发事故。

操作示范演示

1. 起錾方法

（1）斜角起錾　即先在工件的边缘尖角处錾出一个斜面，然后按正常的錾削角逐步向中间錾削，如图2-9所示。

（2）正面起錾　在錾削时，全部刃口贴住工件錾削部位端面，錾出一个斜面，然后按正常角度錾削，如图2-10所示。

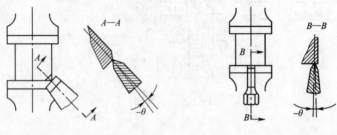

图2-9　斜角起錾　　　　　　图2-10　正面起錾

2. 錾削窄平面

起錾后进行窄平面的錾削，如图2-11a所示，每敲击两三次，錾子退出一次，根据錾削平面的情况调整錾子的后角，后角约为 $\alpha_0 = 5° \sim 8°$，如图2-11b所示。后角过大，錾子易扎入工件，如图2-11c所示；后角过小，在錾削时錾子易滑出工件表面，如图2-11d所示。当錾削接近尽头约 $10 \sim 15mm$ 时，必须将工件调头再錾去余下的部分，如图2-11e所示，錾削脆性材料更应如此，否则工件尽头会崩裂，如图2-11f所示。

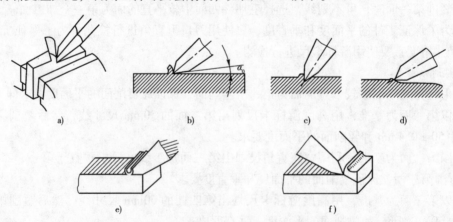

图2-11　錾削窄平面

3. 薄板料的錾切

在台虎钳上錾切厚度2mm左右的薄板料时，应将板料夹在台虎钳上，划线处与钳口上表面平齐，錾子沿着钳口并斜对着板料（约45°）自右向左錾切，如图2-12a所示。錾子刃口不可正对板料錾切，否则易造成切断处不平整或出现裂缝如图2-12b所示。也可在铁砧上錾切薄板料，錾切时应由前向后錾削，开始时錾子应放斜，似剪刀状，然后逐步放垂直，并依次錾切,如图 2-13 所示。

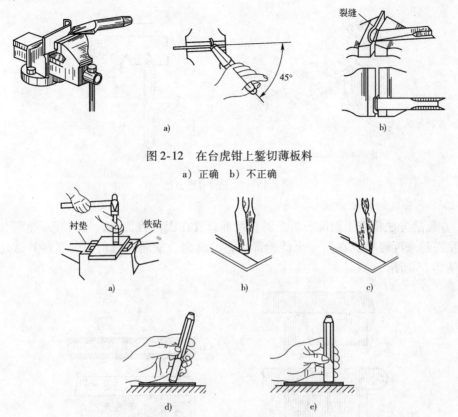

图 2-12　在台虎钳上錾切薄板料
a) 正确　b) 不正确

图 2-13　在铁砧上錾切薄板料
a) 在铁砧上錾切板料　b) 用圆弧刃錾痕易整齐　c) 用平刃錾痕易错位　d) 先倾斜錾切　e) 后垂直錾切

4. 大板料的錾切

当板料较厚或较大,不能放在台虎钳上錾切时,可把板料置于铁砧或平板上进行錾切。錾切前,先按轮廓线钻出密集的排孔,然后再用扁錾、尖錾逐步錾切,如图 2-14 所示。

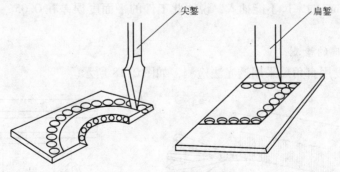

图 2-14　大板料的錾切

5. 錾子的刃磨方法

进行錾子楔角的刃磨时,双手握持錾子,使切削刃在高于砂轮水平中心线上的轮缘进行刃磨,应在砂轮全宽上左右移动,控制錾子的方向和位置,保证磨出的楔角值符合要求,并用角度样板检测錾子楔角,如图 2-15 所示。刃磨时,加在錾子上的压力不宜过大,左右移动要平稳、均匀，并且刃口要经常蘸水冷却，以防退火。

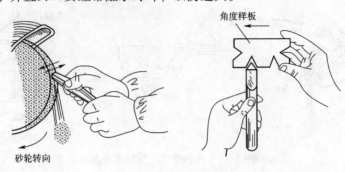

图 2-15　錾子的刃磨方法

6. **工件平面度的检测方法**

1）直尺透光法检查平面度。将金属直尺垂直放在工件表面上，每检查一个部位后，将金属直尺提起来再轻轻放在另一个待验部位，沿纵向、横向、对角方向观察其透光的均匀度，如图 2-16 所示。

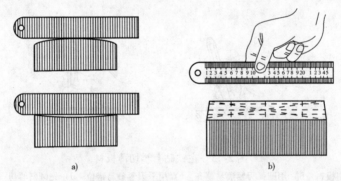

图 2-16　平面度的检测方法
a）用透光法检查平面度　b）平面上的检查部位

2）将工件放在平板上，用塞尺塞入有间隙部位的周边和角边。如用 0.05mm 的塞尺能插入，而用 0.06mm 的塞尺不能插入，说明此工件的平面度误差在 0.05 ～0.06mm 范围内，如图 2-17 所示。

7. **工件垂直度的检测**

工件的垂直度用直角尺采用透光法检测，如图 2-18 所示。

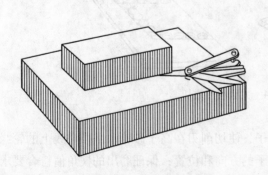

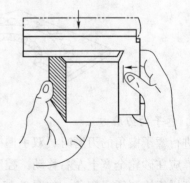

图 2-17　用塞尺检测平面度　　　　　图 2-18　用直角尺检测垂直度

8. 工件平行度和尺寸精度的检测

用游标卡尺测量工件的平行度和尺寸精度。使用游标卡尺进行测量前，应校对零位，擦净测量爪两测量面。测量时，左手拿工件，右手握尺，使左侧的测量爪的外侧量面紧贴工件，轻轻移动尺框，使外测量爪的外测量面也紧靠工件，如图2-19所示。测量工件，游标卡尺不可处于图2-20所示的歪斜位置。读取测量值时，应水平拿着游标卡尺，在光线明亮的地方，视线垂直于标尺表面，避免由于视差造成的读数误差。

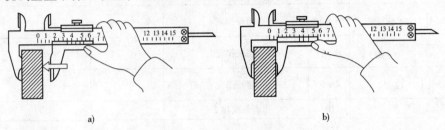

图 2-19　用游标卡尺测量

a）推动尺框　b）轻轻接触零件表面

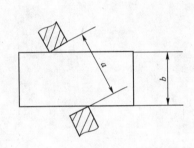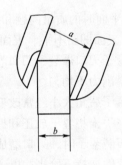

图 2-20　游标卡尺测量面与工件的错误接触

9. 高度游标卡尺的使用

高度游标卡尺既能划线又能测量。取好尺寸并用制动螺钉紧固后可直接进行划线，如图2-21所示。

10. 铸铁平板的使用

铸铁平板的工作面是划线和检测的基准（图2-22），使用时工作面要处于水平状态，不能划伤，应保持清洁，使用后擦干净，并涂油防锈。

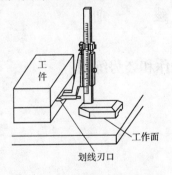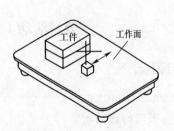

图 2-21　高度游标卡尺的使用　　图 2-22　铸铁平板的使用

学习评价

完成练习后，根据给出的标准进行自评和教师评分工作，填写表2-2。

表2-2　评分记录表

考核内容	配分	评分标准	自评得分	教师评分
50±0.4mm	20	超差扣完		
60±0.4mm	20	超差扣完		
▱ 0.5　（4处）	4×5	超差扣完		
⊥ 0.5 A B　（4处）	4×5	超差扣完		
∥ 0.8 C　（2处）	2×5	超差扣完		
安全文明生产	10	违者每次扣2分		
	合计			

任务小结

錾削平面时的质量问题和产生问题的原因如下：

（1）表面凹凸不平、表面粗糙度值大

1）錾子刃口爆裂、刃口卷刃或刃口不锋利。

2）錾削力不均匀。

3）錾子后角大小经常改变。

4）左手未将錾子放正和握稳，而使錾子刃口倾斜。

5）刃磨錾子时，刃口磨成中凹。

6）工件夹持不恰当，以致受錾削力作用后夹持表面损坏。

（2）崩裂或塌角

1）錾到尽头时，未调头錾削，使工件棱角崩裂。

2）起錾量太多造成塌角。

（3）尺寸超差

1）起錾时，尺寸不准。

2）錾削过程中，测量检查不及时。

<h1 style="text-align:center">学习任务三　锉　　削</h1>

<h2 style="text-align:center">学习活动1　锉削动作和姿势练习</h2>

学习目标

> 1）会正确的锉削动作和姿势。
>
> 2）能按照正确的方法进行锉削。

 **建议学时**

> 6 学时。

学习要求

> 1）掌握正确的锉刀握法。
> 2）掌握正确的锉削站立姿势、动作及两手用力协调性的锉削要领。
> 3）做到安全和文明操作。

工作任务

锉削动作和姿势练习。

1. 工件图（略）

2. 工作前准备

1）准备扁锉、刀口形直角尺、直角尺、高度游标卡尺、铸铁平板和 V 形块。

2）准备台虎钳和砂轮机。

3）准备 Q235 钢工件，规格不作要求，可采用废料进行练习。

3. 任务分析

1）本工作任务没有设定工件外形尺寸，因此可采用废料进行练习。

2）本工作任务为锉削动作和姿势练习，主要是练习锉削时两脚的站立姿势、两手握锉刀的方法及用力方式，通过练习保证锉削时两手和身体的协调性，保证锉刀水平直线运动。

4. 实训步骤

1）将工件装夹在台虎钳上。

2）按锉削规范动作姿势站立，右手握锉刀柄，左手握锉刀前端，把锉刀放在工件表面上。

3）两手用力，身体协调一致，保持锉刀水平移动，进行锉削练习。

5. 安全注意事项

1）锉刀柄要装牢，不准使用锉刀柄有裂纹的锉刀和无刀柄的锉刀。

2）不准用嘴吹铁屑，也不准用手清理铁屑，要用毛刷清除。

3）放置锉刀时，不得伸出钳台外部。

4）锉刀不可当作撬棒或锤子用。

5）夹持工件已加工面时，应使用保护垫片，较大工件要加木垫块。

操作示范演示

1. 锉刀柄的装拆方法

装锉刀柄的方法如图 3-1a 所示，拆锉刀柄的方法如图 3-1b 所示。

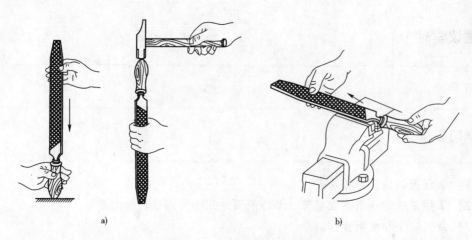

a)   b)

图 3-1   锉刀柄的装拆方法

a）装锉刀柄的方法   b）拆锉刀柄的方法

2. 工件的夹持

将工件夹在台虎钳上，使锉削表面与钳口面平行，锉削面高出钳口面约 15 ~ 20mm。

3. 锉刀的握法

右手的握法：用锉刀柄端顶住掌心，大拇指放在锉刀柄的上部，其余四指满握手柄，如图 3-2 所示。左手的握法：对于大于 250 mm 的扁锉，左手大拇指根部压在锉刀头上，中指和无名指捏住前端，食指、小指自然收拢，以协同右手使锉刀保持平衡，如图 3-3 和图 3-4 所示；对于中型锉刀，左手的大拇指和

图 3-2   右手握锉柄的方法

食指捏着锉刀前端，引导锉刀水平移动，如图 3-5 所示；对于小型锉刀，左手食指、中指和无名指端部压在锉刀表面上施加锉削压力，如图 3-6 所示。

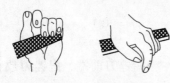

图 3-3   大于 250mm 扁锉的左手握法

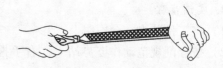

图 3-4   大型锉刀的两手握法

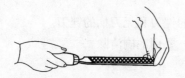

图 3-5   中型锉刀的两手握法

图 3-6   小型锉刀的两手握法

4. 锉削的动作和姿势

锉削时两脚站立的步位和姿势与錾削相似，如图 3-7 所示，左膝部呈弯曲状态，身体重心要落在左脚上，右膝伸直。锉削动作开始时，身体前倾约 10°左右，右肘尽量向后收缩，如图 3-8a 所示；锉刀长度推进 1/3 行程时，身体前倾 15°左右，左膝稍有弯曲，如图 3-8b

所示；锉至 2/3 行程时，身体前倾至 18°左右，如图
3-8c 所示；锉最后 1/3 行程时，右肘继续推进锉刀，
但身体则须自然地退回至 15°左右，如图 3-8d 所示。

锉削时，锉刀要保持直线的锉削运动才能锉出
平直的平面。为此，锉削时右手的压力要随锉刀推
动而逐渐增加，左手的压力要随锉刀推动而逐渐减
小，回程时不加压力，以减少锉齿的磨损，如图 3-9
所示。锉削速度一般为 40 次/min 左右，推锉时稍
慢，回程时稍快，动作要自然协调。

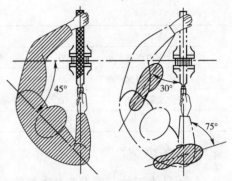

图 3-7　锉削的动作和姿势

图 3-8　锉削姿势

a）锉削动作开始　b）锉刀推进 1/3 行程时　c）锉至 2/3 行程时　d）锉至最后 1/3 行程时

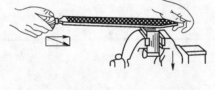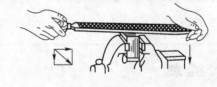

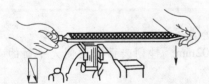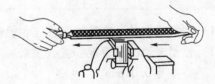

图 3-9　锉削时的用力

📇 **学习评价**

完成练习后，根据给出的标准进行自评和教师评分工作，填写表 3-1。

表 3-1　评分记录表

考核内容	配分	评分标准	自评得分	教师评分
两脚站立位置、姿势正确	15	不正确酌情扣分		
两手握锉刀正确	15	不正确酌情扣分		
两手动作、姿势正确	20	不正确酌情扣分		

（续）

考核内容	配分	评分标准	自评得分	教师评分
两手和身体协调性正确	20	不正确酌情扣分		
锉刀直线运动情况正确	20	不正确酌情扣分		
安全文明生产	10	违者每次扣2分，扣完为止		
	合计			

 任务小结

  锉削是钳工的一项重要基本技能，正确的锉削动作和姿势是掌握锉削技能的基础，直接影响锉削技能水平的提高。因此，若锉削动作和姿势不正确，应及时纠正，如果不正确的姿势成为习惯，纠正就困难了。

学习活动2 钢件平面的锉削加工

 学习目标

  1）会锉削平面及平面度误差的测量方法。
  2）能按平面度要求锉削平面，达到精度要求。

 建议学时

  12学时。

 学习要求

  1）掌握顺向锉、交叉锉、推锉和铲锉等锉削方法。
  2）锉削表面的平面度、直线度公差为0.02mm，锉削表面与两侧大平面的垂直度公差为0.01mm。
  3）正确掌握用刀口形直角尺和显点法检测平面度误差的方法。
  4）会采用透光法和显点法检查工件的锉削表面。

 工作任务

  钢件平面的锉削。
  1. 工件图（略）
  2. 工作前准备
  1）准备扁锉、刀口形直角尺、直角尺、高度游标卡尺、游标卡尺、铸铁平板和V形块。
  2）准备台虎钳和砂轮机。

3）准备 Q235 钢工件，规格不作要求，可自定尺寸。

3. 任务分析

1）本工作任务不设定工件的外形尺寸，可自定尺寸，实训工件采用长度尺寸50mm左右，宽30～50mm，厚10～16mm 的工件即可。

2）本工作任务主要学习顺向锉、交叉锉、推锉和铲锉以及平面度误差的测量方法。因此，不要求控制尺寸公差，工件四个锉削表面之间也无垂直度要求。

3）根据实训情况，可练习两件共8个面，记录合格面数即可。

4. 实训步骤

1）粗锉：选用250mm 以上的粗齿锉刀，锉刀移动方向垂直于工件两大侧面，锉削整个平面，去除平面上较大的不平及不直痕迹后，即转入细锉加工。

2）细锉：选用200～250mm 的中齿锉刀，锉刀移动方向与粗锉相同。粗锉和细锉的过程中，要使用刀口形直角尺采用透光法经常检查加工面长度方向和对角方向的直线度误差，使用直角尺采用透光法测量加工表面与两侧大平面的垂直度误差，然后根据误差情况进行修锉。如果检测透光均匀，误差不大，即可转入精锉加工。

3）精锉：选用100～150mm 的细齿锉刀，如果加工表面的表面粗糙度值要求较小，最后还要用油光锉抛光。精锉时采用顺向锉、推锉和铲锉方法，锉刀移动方向与加工表面的长度方向一致。精锉后，可提高加工表面的表面质量，降低平面度，采用显点法检查时，根据显点情况，修整黑点即可。如果黑点分布均匀，占整个加工表面的80%以上，即可结束锉削加工。

操作示范演示

1. 锉削方法

（1）顺向锉　最普通的锉削方法，锉刀运动方向与工件夹持方向始终一致，如图 3-10 所示，面积不大的平面和最后锉光大都采用这种方法。顺向锉可得到整齐一致的锉痕，比较美观，粗锉和精锉时常常采用。

（2）交叉锉　从两个交叉的方向对工件表面进行锉削的方法，如图 3-11 所示，其锉刀与工件接触面积大，锉刀容易掌握。交叉锉一般用于粗锉。

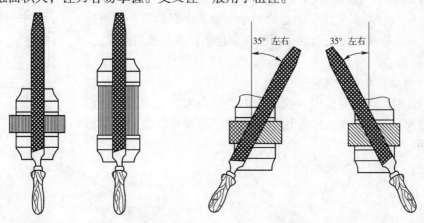

图 3-10　顺向锉　　　　　　　　　图 3-11　交叉锉

（3）推锉　两手对称横握锉刀，用大拇指推动锉刀顺着工件长度方向进行锉削的方法，如图 3-12 所示。其锉削效率低，适用于加工余量较小和修正尺寸时采用。

（4）铲锉　右手握锉刀，左手食指、中指和无名指端部压在锉刀表面上施加锉削压力，锉刀后部提起，与工件表面成3°～5°，利用锉刀前端的几个锉齿进行锉削加工的方法，如图3-13所示。铲锉适用于加工余量较小和修正尺寸时采用。

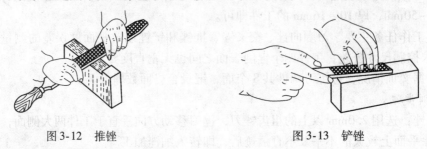

图3-12　推锉　　　　　　　　　　　　　图3-13　铲锉

2. 平面度误差的测量方法

（1）刀口形直角尺测量法　用刀口形直角尺测量平面度误差的方法如图3-14所示。将刀口形直角尺置于工件加工表面上，分别在长度、宽度及对角方向上逐一测量多处，用透光法判断每次测量的直线度误差，误差的最大值即是加工表面平面度误差的最大值。

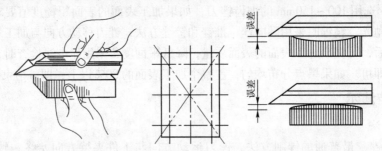

图3-14　用刀口形直角尺测量平面度误差

（2）显点法　如图3-15所示，在工件加工表面上均匀涂上显示剂（红丹粉），将其放在标准平板上，并靠在V形架或方箱以及其他垂直度精度较高的靠铁上，推研工件或一起推研工件和靠铁，根据加工表面上得到的显点（黑点）多少，判断平面度误差的大小。加工表面的黑点数量越多且分布均匀，表明加工表面的平面度误差越小，精度越高；反之，精度越低。

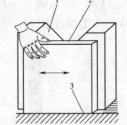

图3-15　显点法
1—V形架　2—工件　3—铸铁平板

3. 清除锉齿内切屑的方法

锉削钢件时，切屑容易嵌入锉刀齿内而拉伤加工表面，使表面粗糙度值增大，因此，必须经常用钢丝刷或用薄铁片剔除切屑，如图3-16所示。

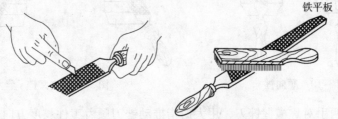

图3-16　清除锉齿内的切屑

学习评价

完成练习后，根据给出的标准进行自评和教师评分工作，填写表3-2。

表3-2 评分记录表

考 核 内 容	评 定 方 法	自评合格面数	教师评合格面数
各加工表面的平面度误差为0.02mm，直线度误差为0.02mm，与两大侧面的垂直度误差为0.01mm	透光法检查：透光均匀；显点法检查：显点占加工表面的80%以上		

任务小结

1）进行锉削练习时，要保持锉削动作和姿势正确，随时纠正不正确的姿势和动作。

2）为保证加工表面光洁，在锉钢件时，必须经常用钢丝刷清除嵌入锉刀齿内的锉屑，并在齿面上涂上粉笔灰。

3）采用显点法修锉，推研显点前加工表面要倒角、去毛刺。

4）粗锉、细锉及精锉各个过程中锉刀的大小、粗细的选择要正确，应在练习中体会并掌握。

学习活动3 四边形工件的加工

学习目标

1）会锉削工件的垂直度、平行度和尺寸精度的测量方法。

2）能按照要求锉削，达到垂直度、平行度及尺寸精度要求。

建议学时

24 学时。

学习要求

1）掌握四边形工件的加工工艺及方法。

2）掌握工件垂直面的加工工艺步骤及垂直度误差的测量方法。

3）掌握平行度误差的测量方法。

工作任务

加工如图3-17所示的四边形工件。

1. 工件图

工件图如图3-17所示。

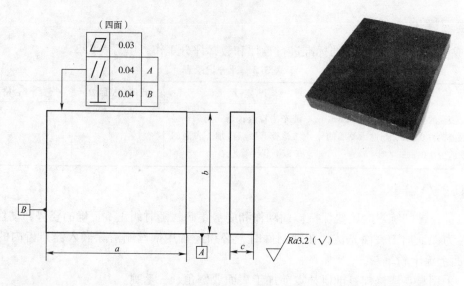

图 3-17　工件图

2. 工作前准备

1）准备扁锉、刀口形直角尺、直角尺、高度游标卡尺、游标卡尺、千分尺、铸铁平板和 V 形块。

2）准备台虎钳和砂轮机。

3）准备 Q235（或 45）钢工件，规格为 60mm×50mm×12mm（由"錾削—任务二"转来）、71mm×61mm×12mm 和 61mm×31mm×16mm。

3. 任务分析

1）加工 3 件工件，工件图中的 a、b、c 未标注尺寸，$a×b×c$ 尺寸及公差可按照下列尺寸练习：

（58±0.02）mm×（48±0.02）mm×12mm

（70±0.02）mm×（60±0.02）mm×12mm

（60±0.02）mm×（30±0.02）mm×16mm

2）除了要保证工件的尺寸精度外，还要保证平面度、平行度和垂直度公差。

3）进行测量时，方法要正确，避免测量过程中出现测量误差。

4. 实训步骤

1）锉削第一面，即基准面。一般来说，应选毛坯件四个加工表面中较平整的，而且是边长较长的平面作为基准面。加工方法按照锉削平面的方法进行。

2）锉削第二面。一般来说，应先选择第一加工面的对面作为第二加工表面，通过锉削控制尺寸精度、平行度、平面度和直线度误差。当然，也可以选择与第一加工面相邻垂直的表面作为第二加工面。

3）锉削第三面。如果第三面与第一面是垂直关系，则按锉削垂直面的锉削方法加工。垂直面的加工工艺：应以第一面为基准，先控制垂直度误差，再控制直线度误差，最后控制平面度误差。如果第三面与第一面是平行关系，则按锉削控制尺寸精度的工艺加工。

4）锉削第四面，按照锉削控制尺寸精度、平行度、平面度和直线度的工艺加工即可。

操作示范演示

1. 千分尺的使用

选用与零件尺寸相适应的千分尺。用千分尺进行测量前，应先擦净砧座和测微螺杆端面，校正千分尺的零位，如图 3-18a 所示。25～50mm、50～75mm 和 75～100mm 的千分尺可通过标准样柱校正零位，如图 3-18b 所示。测量时，将工件放在钳口上，将千分尺及工件的测量表面擦干净，然后左手握尺架，右手转动微分筒，使测杆端面和被测工件表面接近，如图 3-18c 所示；用右手转动棘轮，使测微螺杆端面和工件被测表面接触，直到棘轮发出响声为止，读出数值，如图 3-18d 所示。为了保证测量的准确度，千分尺的砧座及测微螺杆与工件的接触表面应至少伸出工件表面 1/3，并多测几个部位，如图 3-18e 所示。

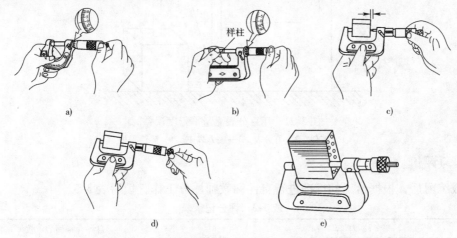

图 3-18　千分尺的使用

a）校正零位　b）用标准样柱校正零位　c）测杆端面和被测工件表面接近　d）棘轮发出响声读出数值　e）多测几个部位

2. 垂直度的测量方法

测量垂直度的常规方法是角度尺测量法。所用角度尺有宽座直角尺、刀口形直角尺和万能量角器。以刀口形直角尺为例，其测量方法如图 3-19 所示。测量前，应先用锉刀将工件的锐边倒棱，即倒出 0.1～0.2mm 的棱边，如图 3-20 所示。测量时，左手拿工件，右手指抓直角尺的短直角边并压紧工件基准面，然后慢慢向下移动直角尺，使直角尺的长直角边轻触工件加工表面，采用透光法判断工件垂直度误差的大小，如图 3-19a 所示。检查时，直角尺不可斜放，如图 3-19b 所示。

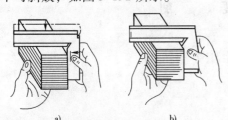

图 3-19　垂直度的测量方法
a）正确　b）错误

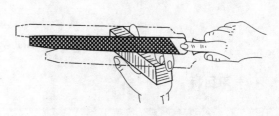

图 3-20　锐边倒棱

3. 平行度误差的测量方法

1）游标卡尺或外径千分尺测量法。其测量方法与尺寸精度的测量方法相同，测量所得最大值与最小值之差即为工件的平行度误差。

2）百分表测量法。其测量方法如图 3-21 所示，工件的平行度误差是量表最大读数值与最小读数值之差。

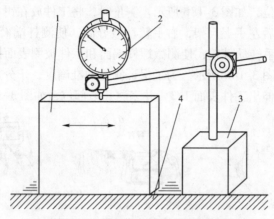

图 3-21 用百分表测量平行度误差
1—工件 2—百分表 3—磁力表座 4—铸铁平板

学习评价

完成练习后，根据给出的标准进行自评和教师评分工作，填写表 3-3。

表 3-3 评分记录表

考核内容	评定方法	自评合格面数	教师评合格面数
1）（58±0.02）mm×（48±0.02）mm×12mm			
2）（70±0.02）mm×（60±0.02）mm×12mm（共6处）	各尺寸精度是否合格		
3）（60±0.02）mm×（30±0.02）mm×16mm			

任务小结

1）在尺寸精度、垂直度及平行度误差的测量中，基准面的精度对测量精度的影响很大，因此基准面的精度要高。

2）在垂直度误差的测量中，因测量方法不正确，很容易出现测量误差，应注意测量方法，避免测量误差的发生。

学习任务四 锯 削

学习活动1 锯削动作和姿势练习

学习目标

1）会正确的锯削动作和姿势。

2）能正确安装锯条并进行锯削操作。

⏰ **建议学时**

6 学时。

📋 **学习要求**

1）掌握正确的锯条安装方法、锯削站立姿势、动作及两手用力协调性的要领。

2）掌握正确的近起锯和远起锯方法。

3）做到安全和文明操作。

📖 **工作任务**

进行锯削动作和姿势练习。

1. 工件图（略）

2. 工作前准备

1）准备锯弓、锯条、金属直尺、划针、高度游标卡尺、铸铁平板和 V 形块。

2）准备台虎钳和砂轮机。

3）准备 Q235 钢工件，规格不作要求，可采用废料进行练习。

3. 任务分析

1）本工作任务没有设定工件外形尺寸，因此可采用废料进行练习。练习前要先划直线，后按直线进行锯削。

2）锯削动作和姿势练习主要是练习锯削时两脚的站立姿势、两手握锯的方法和用力方式，通过练习保证锯削时两手和身体的协调性。

4. 实训步骤

1）先锉削加工工件的一个表面，作为划线基准，然后用高度游标卡尺在工件表面上划直线。

2）按划线位置起锯，分别练习近起锯和远起锯。

3）起锯熟练后进行正常锯削练习。

5. 安全注意事项

1）锯条安装松紧要适当，锯削时用力不要太猛，防止锯条崩断伤人。

2）即将锯断时压力要小，用手扶住工件断开部分，防止工件断开部分掉地砸脚；避免工件突然断开，造成身体前冲发生事故。

3）锯削时切削行程不宜过短，往复长度应不小于锯条全长的2/3。

📣 **操作示范演示**

1. 工件的夹持

将工件夹在台虎钳左侧或右侧，为了方便操作，一般夹在台虎钳左侧，工件伸出钳口侧面约20mm。

2. 锯条的安装

将锯条安装在锯弓两端的支柱上，应保证齿尖向前，调节紧固后的锯条，松紧要适合。锯条太紧受力过大易折断，锯条太松易扭曲，也易折断，并且锯缝易歪斜，如图4-1所示。

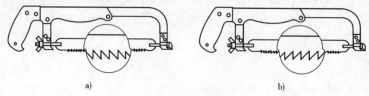

a) b)

图4-1 锯条的安装

a）正确 b）错误

3. 锯削的动作和姿势

锯削时，右手握锯柄，左手轻扶锯弓前端，如图4-2所示，站立位置和身体的动作和姿势与锉削相似，如图4-3所示。锯削中的推动和压力由右手控制，左手配合右手扶正锯弓，推出为切削行程，应施加压力；回程不切削，自然拉回，不加压力；采用小幅度的上下摆动式运动。推进手锯时，身体略前倾，双手随着压向手锯的同时左手上翘，右手下压；回程时，右手上抬，左手自然跟回。锯削运动速度为40次/min左右。

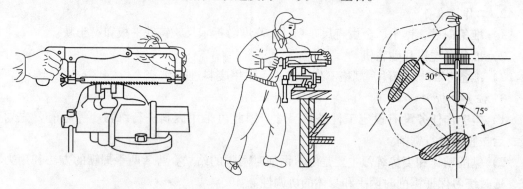

图4-2 手锯的握法 图4-3 锯削的动作和姿势

4. 起锯的方法

起锯的方法分为远起锯（图4-4a）和近起锯（图4-4b），起锯角为15°左右。起锯时，左手拇指靠住锯条，使锯条按照指定位置锯削，如图4-4c所示。

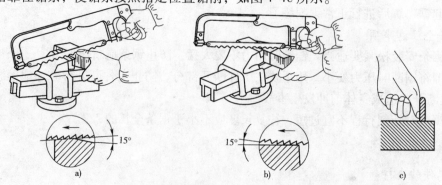

a) b) c)

图4-4 起锯的方法

a）远起锯 b）近起锯 c）用拇指引导起锯

学习评价

完成练习后，根据给出的标准进行自评和教师评分工作，填写表4-1。

表4-1 评分记录表

考核内容	配分	评分标准	自评得分	教师评分
两脚站立位置、姿势正确	20	不正确酌情扣分		
两手握锯正确	20	不正确酌情扣分		
两手动作、姿势正确	15	不正确酌情扣分		
两手和身体协调性正确	15	不正确酌情扣分		
近起锯、远起锯正确	20	不正确酌情扣分		
安全文明生产	10	违者每次扣2分，扣完为止		
合计				

任务小结

掌握正确的锯削动作和姿势很重要，两手的运动及身体运动的协调性要经过一段时间的练习才能掌握，因此要反复、刻苦多练。

学习活动2 钢件的锯削加工

学习目标

能正确起锯及进行深缝锯削，达到工件图样精度要求。

建议学时

18学时。

学习要求

1) 掌握起锯和深缝锯削的方法，达到工件尺寸公差要求。
2) 熟悉锯条折断的原因和防止方法，了解锯缝产生歪斜的几种原因。
3) 练习结束后检测工件，并把测量结果填写在评分记录表中。

工作任务

锯削如图4-5所示工件。

1. 工件图

工件图如图4-5所示。

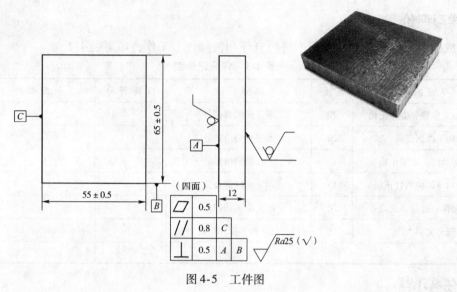

图 4-5　工件图

2. 工作前准备

1）准备划针、样冲、锯弓、锯条、金属直尺、直角尺、游标卡尺、高度游标卡尺、铸铁平板和 V 形块。

2）准备台虎钳和砂轮机。

3）准备 Q235 钢工件，规格为 70mm×60mm×12mm（由"锉削-任务三"转来）。

3. 任务分析

1）本任务为起锯和深缝锯削练习，起锯时的尺寸要合格，否则会影响后面的深缝锯削尺寸。

2）锯削过程中，锯缝歪斜应立即纠正，否则影响锯削尺寸。

3）锯削表面不允许进行修锯加工。

4. 实训步骤

1）用高度游标卡尺划第一面的锯削直线，然后起锯并测量尺寸，起锯时的尺寸合格后进行深缝锯削。

2）用高度游标卡尺以第一面为划线基准划第二面的锯削线，然后起锯并测量尺寸，起锯时的尺寸合格后进行深缝锯削。

3）用角度尺以第一面为划线基准划第三面的锯削直线，然后起锯并测量尺寸，起锯时的尺寸合格后进行深缝锯削。

4）用高度游标卡尺以第三面为划线基准划第四面的锯削直线，然后起锯并测量尺寸，起锯时的尺寸合格后进行深缝锯削。

5）最后进行检测。

5. 安全注意事项

1）起锯质量影响锯削质量，起锯尺寸合格后才能进行正常锯削。

2）锯削过程中，当前后锯缝不一致时，锯弓作左右调整；当锯缝垂直方向出现歪斜时，应把锯弓平面扭向锯缝歪斜方向锯下，即可慢慢纠正歪斜，但扭力不能太大，否则锯条容易折断。

3）起锯和锯削时，请注意保证有尺寸精度要求的一边的尺寸精度。

👆 **操作示范演示**

1. 棒料的锯削

锯削断面要求平整，应从开始连续锯到结束。若锯面要求不高，可分几个方向锯下，因为锯削面变小，更容易锯入，可提高工作效率。

2. 管子的锯削

薄壁管子用 V 形木垫夹持，如图 4-6a 所示，以防管子夹扁夹坏。锯削时，锯到管子内壁处时，向前转一个角度再锯（图 4-6b），否则容易造成锯齿的崩断（图 4-6c）。

3. 薄板料的锯削

将薄板夹持在两木板之间，锯削时连同木板一起锯开，如图 4-7a 所示，或将薄板夹持在台虎钳上，用手锯作横向锯削，如图 4-7b 所示。

4. 深缝锯削

锯削普通深缝时，锯弓与深缝平行，如图 4-8a 所示；当锯缝深度超过锯弓高度时，应将锯条转过90°安装，使锯弓转到工件的旁边，如图 4-8b 所示；当锯弓横下来其高度仍不够时，也可把锯条安装成使锯齿向锯内的方向进行锯削，如图 4-8c 所示。

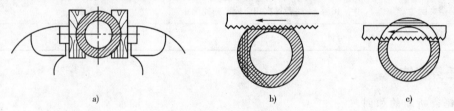

a)　　　　　　　　b)　　　　　　　　c)

图 4-6　管子的夹持和锯削

a）管子的夹持　b）转位锯削　c）不正确的锯削

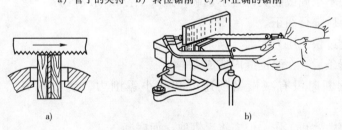

a)　　　　　　　　b)

图 4-7　薄板料的锯削

a）木板间夹持锯削　b）横向斜锯削

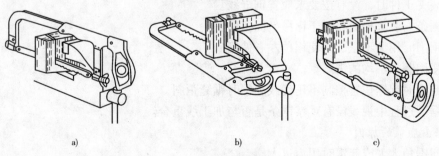

a)　　　　　　　　b)　　　　　　　　c)

图 4-8　深缝的锯削

a）锯弓与深缝平行　b）锯弓与深缝垂直　c）反向锯削

📓 学习评价

完成练习后，根据给出的标准进行自评和教师评分工作，填写表4-2。

表4-2　评分记录表

考 核 内 容	配分	评分标准	自评得分	教师评分
55±0.5mm	20	超差扣完		
65±0.5mm	20	超差扣完		
▱ 0.5 　（4处）	4×5	超差扣完		
⊥ 0.5 A B 　（4处）	4×5	超差扣完		
∥ 0.8 C 　（2处）	2×5	超差扣完		
安全文明生产	10	违者每次扣2分，扣完为止		
	合计			

🎀 任务小结

1. 锯条折断的原因

1）锯条安装得过松或过紧。

2）工件装夹不牢固或装夹位置不正确，造成工件松动或抖动。

3）锯缝歪斜后强行纠正。

4）运动速度过快，压力太大，锯条被卡住。

5）更换新锯条后，在原锯缝内造成夹锯。

6）工件被锯断时没有减慢锯削速度和减小锯削力，使手锯突然失去平衡而折断锯条。

7）锯削过程中停止工作，但未将手锯取出而碰断。

2. 造成锯缝歪斜或尺寸超差的原因

1）装夹工件时，没有按要求放置锯缝线。

2）锯条安装太松或相对于锯弓平面扭曲。

3）锯削时用力不正确，使锯条左右偏摆。

4）使用磨损不均的锯条。

5）起锯时起锯位置控制不正确或起锯时锯缝歪斜。

6）锯削过程中视线没有观察锯条是否与加工线重合。

3. 锯齿崩裂的原因

1）起锯角太大或起锯时用力过大。

2）锯削时突然加大压力，被工件棱边钩住锯齿而崩裂。

3）锯削薄板料和薄壁管子时，锯条选择不当。

学习任务五 孔加工和螺纹加工

学习目标

1）会使用钻床钻孔、扩孔。
2）会用铰刀铰孔。
3）会用丝锥和板牙进行攻螺纹和套螺纹操作。

建议学时

12 学时。

学习要求

1）掌握划线钻孔的方法，并能对一般的孔进行钻削加工。
2）掌握铰孔的方法。
3）掌握攻螺纹和套螺纹的方法。
4）能够正确分析孔加工出现的问题以及丝锥折断和攻、套螺纹中常见问题产生的原因和解决方法。
5）做到安全和文明操作。

工作任务

进行孔加工和螺纹加工，工件如图 5-1 所示。

1. 工件图

工件图如图 5-1 所示。

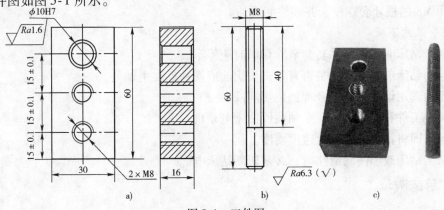

图 5-1 工件图
a）工件 1 b）工件 2 c）工件实物图

2. 工作前准备

1）准备钻头、铰刀、丝锥、铰杠、钳工锉、游标卡尺、高度游标卡尺、铸铁平板、V 形块和刀口形直角尺。

2）准备台虎钳、砂轮机和钻床设备。

3）准备 Q235 钢工件，规格为 60mm×30mm×16mm（由"锉削—任务三"转来）和 ϕ8mm ×61mm。

3. 任务分析

1）图 5-1a 所示工件 1 外形尺寸按照（60±0.05）mm×（30±0.05）mm 加工。

2）图 5-1a 所示的工件图中，加工 ϕ10H7 及其表面粗糙度值 Ra1.6μm 的孔，必须先用 ϕ9.7mm 或 ϕ9.8mm 的钻头钻孔，后铰孔；加工 2×M8 螺纹孔，要先计算螺纹底孔直径，按照计算结果选择钻头直径进行钻孔，后攻螺纹；钻孔加工时保证工件孔距 15±0.1mm 的精度要求。

3）图 5-1b 所示的工件图中，加工 M8 外螺纹，要先计算外螺纹圆柱直径，后按照计算值锉削加工圆柱表面，最后套螺纹。

4. 实训步骤

（1）加工工件 1

1）按照（60±0.05）mm×（30±0.05）mm 尺寸加工工件外形。

2）划线。

3）钻孔。对于 ϕ10H7 孔，经查表，选用 ϕ9.7mm 或 ϕ9.8mm 钻头钻孔；对于 2×M8 螺纹孔，经查表，M8 的螺距 P=1.25mm，用攻制钢件公式计算螺纹底孔直径，$D_孔 = D - P$ =8mm-1.25mm=6.75mm，因此取直径为 ϕ6.7mm 钻头钻孔。

4）铰孔和攻螺纹。用 ϕ10H7 的铰刀铰孔，并加注润滑油；用 M8 的丝锥攻螺纹，并加注润滑油。

5）孔口去毛刺。

（2）加工图 5-1b 所示工件 2

1）加工工件 60mm 长度尺寸。

2）按照套螺纹前圆杆直径公式计算，$d_杆 = d - 0.13P$ =（8-0.13×1.25）mm=7.84mm，因此，把外径为 ϕ8mm 圆杆上螺纹部分的直径锉削加工至 ϕ7.84mm，对圆杆端部倒角。

3）用 M8 的板牙套螺纹，并加注润滑油。

5. 安全注意事项

1）操作钻床时严禁戴手套，清除切屑时应停车。

2）起动钻床前，应检查是否有钻夹头钥匙或楔铁插在主轴上。

3）正确选用切削用量，合理选用切削液。

4）装夹工件和麻花钻时，必须关停钻床电动机。

5）通孔即将钻穿时，进给速度要慢。

6）清洁钻床或加注润滑油时，必须切断钻床电源。

🔈 操作示范演示

1. 钻孔

（1）划线　按尺寸划各孔十字中心线，并钻中心孔，再按孔的大小划出孔的圆周线，如图5-2a 所示。如果钻孔精度要求较高，则要划出几个大小不等的检查方框，如图5-2b、c 所示。在各孔中心处打样冲眼，精度要求高的孔可以不打样冲眼，因为样冲眼不准确会影响钻孔质量。

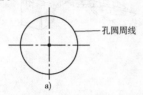

图 5-2　钻孔划线

a) 划圆　b) 划多个圆　c) 划多个方框

（2）钻头的装拆　直柄钻头的装拆，如图5-3a 所示，锥柄钻头的装拆，如图5-3b、c、d 所示。

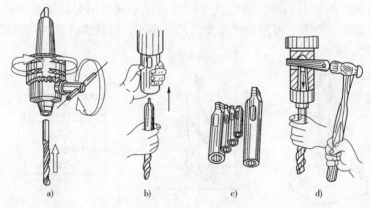

图 5-3　钻头的装拆

a) 在钻夹头上拆装钻头　b) 用钻头套装夹　c) 钻头套　d) 用斜铁拆下钻头

（3）装夹工件　图 5-4 所示为常见的装夹工件的方法。

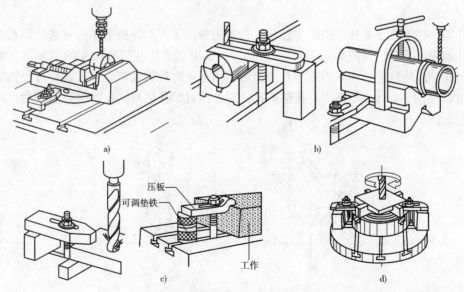

图 5-4　装夹工件的方法

a) 用机用虎钳装夹工件　b) 用 V 形块装夹工件　c) 用压板装夹工件　d) 用单动卡盘装夹工件

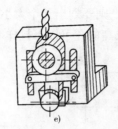
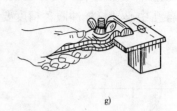

图 5-4 装夹工件的方法（续）

e）用自定心卡盘装夹工件　f）用角铁装夹工件　g）用手虎钳装夹工件

（4）钻孔的方法　校对钻头顶尖与工件孔的十字中心对齐，开动钻床，错开 90°方向再次进行校对，对准后锁紧钻床主轴，轻钻出一小浅坑，如图 5-5a 所示，观察钻孔位置是否正确，根据偏差再做校对调整。如果小孔准确，即可正确钻削，直至把孔钻穿（图 5-5b）。如钻出的浅坑与划线圆发生偏位，偏位较少的可在试钻同时用力将工件向偏位的反方向推移，逐步借正；如偏位较多，可用油槽錾錾出几条小槽，以减少此处的钻削阻力，达到借正的目的，如图 5-5c 所示。

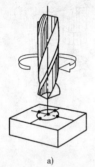
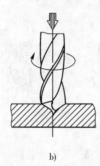
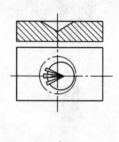

图 5-5　钻孔的方法

a）钻出小浅坑　b）正确钻削　c）錾槽借正偏位

2. 扩孔的方法

钻孔后，在不改变工件和机床主轴相互位置的情况下，立即换上扩孔钻进行扩孔，可使钻头与孔的中心重合，如图 5-6a 所示。在工件和机床主轴相互位置改变的情况下，如果用麻花钻扩孔，应使麻花钻的后刀面与孔口接触，用手逆时针转动麻花钻，这样可使钻头与孔的中心重合（图 5-6b）；如果用扩孔钻扩孔，应先校对扩孔钻与钻孔的中心重合后，再进行扩孔。

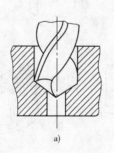
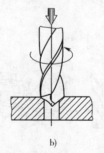

图 5-6　扩孔的方法

a）扩孔　b）校对扩孔钻与钻孔的中心重合

3. 铰孔的方法

将工件装夹在台虎钳上，在已钻好的孔中插入铰刀，如图5-7所示，手铰起铰时，右手通过铰孔轴心线施加压力，左手转动铰杠，两手用力应均匀、平稳、不得有侧向压力，同时适当加压，使铰刀均匀前进，铰孔过程中加注润滑油润滑。

4. 攻螺纹的方法

起攻时，一手用手掌按住铰杠中部沿丝锥轴线施加压力，另一手配合作顺向前进，如图5-8所示。在丝锥攻入1~2圈后，应及时在前后、左右两个方向用直角尺检查丝锥的垂直度，如图5-9所示。当丝锥的切削部分全部进入工件后，则不需再加压力，而靠丝锥自然旋进切削，此时两手用力要均匀，并经常倒转1/4~1/2圈，以避免切屑阻塞卡住丝锥，如图5-10所示。攻螺纹过程中加注润滑油润滑。

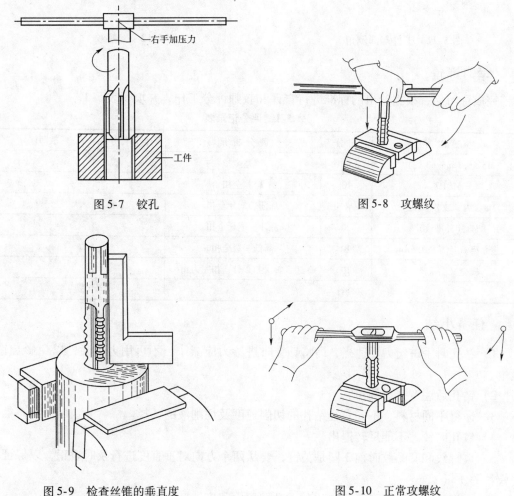

图5-7 铰孔　　　　　　　　　　　图5-8 攻螺纹

图5-9 检查丝锥的垂直度　　　　　图5-10 正常攻螺纹

5. 套螺纹的方法

先在工件端部倒角，如图5-11所示，然后将工件夹在台虎钳上，起套时要使板牙端面与圆杆轴线垂直，用一只手掌按住铰杠中部，并施加轴向力，另一手配合作顺向缓慢转动。当板牙切入材料2~3圈时，检查并校正板牙的位置，正常套螺纹不加压力，应加注切削液，让板牙自然旋进，并经常倒转断屑，如图 5-12 所示。

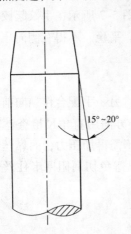

图 5-11　工件端部倒角

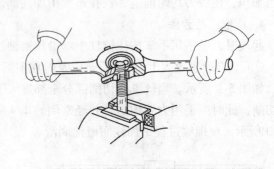

图 5-12　套螺纹

📟 **学习评价**

完成练习后，根据给出的标准进行自评和教师评分工作，并填写表 5-1。

表 5-1　评分记录表

考核内容	配分	评分标准	自评得分	教师评分
15 ± 0.1mm（3 处）	3 × 10	超差全扣		
$\phi 10H7$	10	超差全扣		
M8（内螺纹）（2 处）	2 × 10	乱牙、崩牙全扣		
M8（外螺纹）	20	乱牙、崩牙全扣		
表面粗糙度值 $Ra1.6\mu m$	10	降低一级全扣		
安全文明生产	10	违者每次扣 2 分，扣完为止		
合计				

🎀 **任务小结**

1）钻孔时手进给力要适当，即将钻穿时进给力应减小，不可用力过猛，以免影响钻削质量。

2）钻孔后注意孔口倒角。

3）懂得不同材料、不同直径钻孔的切削速度及切削液的选择。

4）铰孔时铰刀不能反转退出。

5）攻螺纹和套螺纹时前 3 圈是关键，要从两个方向对垂直度进行及时矫正，以保证攻、套螺纹的质量。

6）套螺纹时要控制两手用力均匀，掌握用力限度，防止孔口乱牙。

7）攻螺纹时要倒转断屑和清屑，防止丝锥折断。

8）熟练操作钻床，严格遵守钻床的操作规程。

下篇 综合技能

2

学习任务六　键　的　制　作

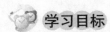 **学习目标**

完成本学习任务后，应当具备以下技能：

1) 能说出键的结构、种类及作用。
2) 能在教师的引导下填写派工单并进行材料成本计算。
3) 能说出金属材料的力学性能和工艺性能方面的概念、术语。
4) 能识读产品图样，手工测绘工件图，对照图样读懂加工工艺。
5) 能正确划线并采用锯削和锉削方法对工件进行加工。
6) 能正确使用量具，并按要求对量具进行日常保养。
7) 在工作过程中出现问题，能与相关人员沟通，获取解决问题的方法及措施。
8) 能把检测结果与图样进行比较，判断零件是否合格。
9) 能进行成果展示、评价与总结。
10) 能严格遵守规章制度，按规范穿戴劳保用品，按环保要求处理废弃物，有一定的职业素养。

 建议学时

32 学时。

工作流程与活动

1) 接受工作任务，明确工作要求。
2) 工作准备。
3) 制订工作计划。
4) 制作过程。
5) 交付验收。
6) 成果展示、评价与总结。

任务描述

　　某工厂的维修人员在进行设备维修的过程中发现一台设备的一个平键已损坏，因该平键是非标准件，为了尽快把设备维修好，需要手工制作平键。请根据给出的工件图样尺寸，加工一个平键，如图6-1所示。

图6-1　平键

学习活动1　接受工作任务，明确工作要求

 学习目标

1）能识读产品图样，明确工作任务要求，并在教师指导下进行人员分组。
2）能在教师的引导下填写派工单并进行材料成本计算。

 建议学时

2学时。

 学习准备

1）准备学习用具、工作页、多媒体及网络设备。
2）准备《机械基础》《机械制图》《金属材料与热处理》《钳工工艺学》《钳工技能训练》等相关教材。
3）准备《钳工手册》和《机械设计手册》等参考资料。

 学习过程

一、产品图样

　　该任务需要加工一个普通平键，其零件图如图6-2所示。

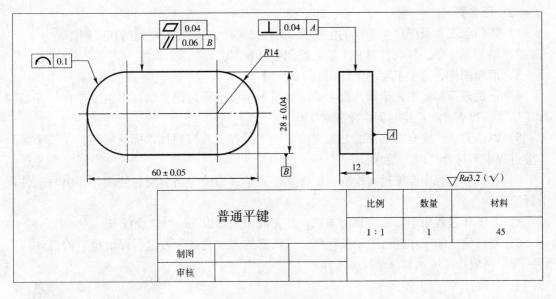

图6-2 普通平键零件图

普通平键			比例	数量	材料
			1:1	1	45
制图					
审核					

二、填写派工单

填写普通平键生产派工单，见表6-1。

表6-1 普通平键生产派工单

生 产 派 工 单

单号：_____ 开单部门：_____ 开单人：_____

开单时间：_____年___月___日 接单人：_____（签名）

以下由开单人填写			
工作内容	按图样尺寸加工普通平键	完成工时	8h
产品技术要求	1. 平面及圆弧面连接处要圆滑 2. 工件锐角去毛刺		
以下由接单人和确认方填写			
领取材料		成本核算	金额合计： 仓管员（签名） 年 月 日
操作者检测		（签名） 年 月 日	

三、任务要求

1）依照派工单及图样所确定的生产加工项目，每人独立完成平键的加工制作。

2）填写派工单，领取材料和工具，检测毛坯材料。

3）读懂图样，并手工绘制工件图。

4）正确理解加工工艺步骤，以4~6人/组为单位进行讨论，制订小组工作计划并填写加工工艺流程表，在规定时间内完成加工作业。

5）以最经济、安全、环保的方式来确定加工过程，并按照技术标准实施。在整个生产作业过程中要符合"6S"要求。

6）在作业过程中实施过程检验，工件加工完毕，检验合格后交付使用，并填写工件评分标准表。

7）在工作过程中学习相关理论知识，并完成相关知识的练习作业任务。

8）对已完成的工作进行记录及存档，以认真的态度完成学习过程评价量表的自评与互评工作，完成作品展示和总结反馈工作。

■ 想一想 ■

四、引导问题

如何进行材料成本的计算？

☺ 提示：密度的计算公式为密度 = 质量/体积 ，钢的密度为7.85 g/cm^3。

请计算长度为60mm，宽为10mm，高为50mm的钢的质量是_____g。如果钢的价格为4500元/t，这块钢的价格是_____元。

学习活动2 工作准备

⏱ 学习目标

1）能手工测绘平键的零件图。
2）了解键的结构、种类及作用。
3）能说出金属材料的力学性能和工艺性能等方面的概念、术语。
4）能准备工作过程中所需的工、量、刃具。

⏰ 建议学时

6学时。

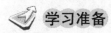 **学习准备**

1）准备学习用具、工作页、多媒体及网络设备。

2）准备《机械基础》《机械制图》《金属材料与热处理》《钳工工艺学》《钳工技能训练》等相关教材。

3）准备《钳工手册》和《机械设计手册》等参考资料。

4）准备锯弓、锯条、金属直尺、钳工锉、游标卡尺、千分尺、半径样板、直角尺（刀口形直角尺）、高度游标卡尺、划规、铸铁平板和 V 形块等工、量、刃具。

5）准备台虎钳、砂轮机和钻床等设备。

6）准备 45 钢工件，规格为 $62mm \times 30mm \times 12mm$ 材料。

学习过程

😊 画零件草图的步骤提示：

1）根据视图数量布置视图位置。画出各视图的基准线和中心线。布图时要考虑在各视图之间留有标注尺寸的位置，并在右下角留有标题栏的位置。

2）画出反映零件主要结构特征的主视图，按投影关系完成其他视图。

3）选择基准，画出尺寸界线、尺寸线和箭头，要确保尺寸齐全、清晰、不遗漏、不重复，仔细核对后描深轮廓线并画出剖面线。

4）测量尺寸并注写尺寸数字和技术要求，填写标题栏。

一、手工测绘草图

手工测绘普通平键的零件草图，画在图 6-3 处。

图 6-3 平键的零件草图

二、手工绘制零件图

选用标准图纸手工绘制平键的零件图。

三、填写工作过程中所需的工、量、刃具

在表6-2中填写出工作过程中所需的工、量、刃具。

表6-2　工作过程中所需的工、量、刃具

工作过程中所需的工具	
工作过程中所需的量具	
工作过程中所需的刃具	

■■■ 想一想 ■■■

四、引导问题

1. 键联接（你需要了解键的相关知识，才能更好地了解工作任务）

键联接主要用来实现轴与轴上零件（如齿轮、带轮等）之间的周向固定，并传递运动和转矩，如图6-4所示。

a)　　　　　　　　　　　　　　b)

图6-4　键联接

a）轴与齿轮的键联接　b）轴与带轮的键联接

图6-5所示为普通平键联接的情况，在轴和轮毂上分别加工出键槽，装配时先将键嵌入轴上的键槽内，再将轮毂上的键槽对准轴上的键，把轮毂装在轴上。传动时，轴和轮毂便一起转动。

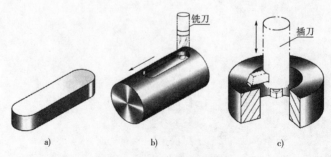

a)　　　　　　　　　　b)　　　　　　　　　c)

图6-5　普通平键联接

a）键　b）在轴上加工键槽　c）在轮毂上加工键槽

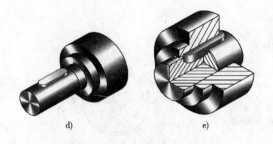

图 6-5　普通平键联接（续）

d）将键嵌入键槽内　e）键与轴同时装入轮毂

2. 键联接的分类

常用的键联接有＿＿＿＿＿＿＿键联接（图 6-6）、＿＿＿＿＿＿＿键联接（图 6-7）、＿＿＿＿＿＿＿键联接（图 6-8）、＿＿＿＿＿＿＿键联接（图 6-9）和＿＿＿＿＿＿＿键联接（图 6-10）。

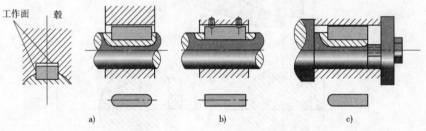

图 6-6　平键联接

a）圆头　b）方头　c）一端圆头，一端圆头方头

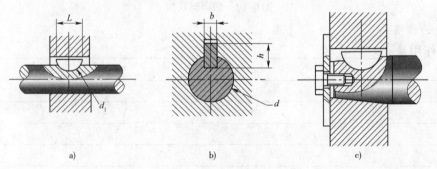

图 6-7　半圆键联接

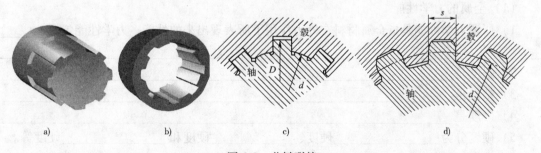

图 6-8　花键联接

a）外花键　b）内花键　c）矩形花键　d）渐开线花键

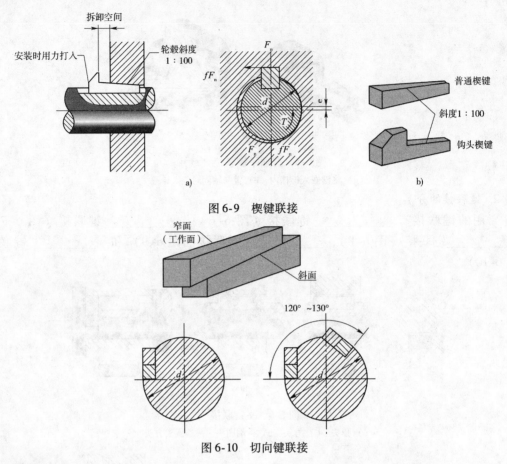

图 6-9　楔键联接

图 6-10　切向键联接

3. 键的作用

键的作用是＿＿＿＿＿＿＿＿＿＿＿＿＿＿＿＿＿＿＿＿＿＿＿＿＿＿＿＿＿＿＿＿＿＿＿＿

＿＿＿

＿＿＿

＿＿＿

＿＿＿

4. 金属材料基本知识

（1）金属的力学性能

1）所谓力学性能是指金属材料在外力作用下所表现出来的性能。力学性能包括＿＿＿＿＿＿

＿＿＿

2）强度是＿＿＿＿＿＿＿＿＿＿＿＿＿＿＿＿＿＿＿＿＿＿＿＿＿＿＿＿＿＿＿＿＿＿＿＿＿

3）塑性是＿＿＿＿＿＿＿＿＿＿＿＿＿＿＿＿＿＿＿＿＿＿＿＿＿＿＿＿＿＿＿＿＿＿＿＿＿

4）硬度是＿＿＿＿＿＿＿＿＿＿＿＿＿＿＿＿＿＿＿＿＿＿＿＿＿＿＿＿＿＿＿＿＿＿＿＿＿

5）硬度分为＿＿＿＿＿＿＿＿＿＿硬度、＿＿＿＿＿＿＿＿＿＿硬度和＿＿＿＿＿＿＿＿＿＿硬度等。

6）冲击韧性是＿＿＿＿＿＿＿＿＿＿＿＿＿＿＿＿＿＿＿＿＿＿＿＿＿＿＿＿＿＿＿＿＿＿

＿＿＿

7）疲劳强度是_____

_____

（2）金属的工艺性能

1）工艺性能是指金属材料对不同加工工艺方法的适应能力，包括_____

_____

2）铸造性能是_____

3）可锻性是_____

4）焊接性是_____

5）可加工性是_____

（3）金属的晶体结构

1）晶体是_____

2）金属晶格的类型有_____

_____

（4）纯金属的结晶

1）纯金属的结晶过程是_____

_____

_____

_____

2）晶粒大小对金属力学性能的影响_____

_____

_____

3）金属的同素异构转变是_____

_____

_____

_____

5. 键的材料

制作键选用什么金属材料？_____

_____

_____

6. 6S 管理

6S 管理的内容是_____

_____

_____

_____

_____

_____

7. 认识常用工、量、刃具

根据表6-3中相应的图片，写出对应工、量、刃具的名称和用途。

表6-3 常用工、量、刃具及其用途

图 片	名 称	用 途

（续）

图　片	名　称	用　途

学习活动 3　制订工作计划

学习目标

1）能对照图样读懂加工工艺，并制订小组工作计划。
2）能制订工作安全防护措施。

建议学时

4 课时。

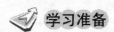 学习准备

> 1）准备学习用具、工作页、多媒体及网络设备。
> 2）准备《机械基础》《机械制图》《金属材料与热处理》《钳工工艺学》《钳工技能训练》等相关教材。
> 3）准备《钳工手册》和《机械设计手册》等参考资料。

 学习过程

☺ 操作过程指引提示：

1）以工件毛坯最大面为第一加工面，加工前可不用划线，锉削表面达到平面度、垂直度和表面粗糙度值要求即可。

2）以第一面为划线基准面，划出对应面的加工界线。

3）两端圆弧的划线在两个大平面加工合格后再进行，先用高度游标卡尺划出工件两面的圆心后，再用划规划出半圆弧线。

4）每个半圆弧面的加工顺序应为先锉削半圆弧面的顶点，保证顶点处的半径尺寸，然后以顶点处把半圆弧分成两个 1/2 的圆弧，每个 1/2 圆弧面的加工顺序为由圆弧的两边向中间方向加工，直至用半径样板在半圆弧面上转动测量时透光均匀，即符合要求。

一、制订加工工艺

制订加工工艺并填写加工工艺流程表，见表6-4。

表 6-4　加工工艺流程表

组别		组员		组长	
产品分析					
制订加工工艺	1）按图样检查毛坯件的尺寸和形状，看有无缺陷，尺寸是否符合要求 2）锉削基准面：以毛坯件的一个大面为基准面，先粗锉，然后细锉，用刀口形直角尺检查平面度误差，当达到技术要求后，基准面加工完毕 3）划出第二加工面（基准面的对应面）的加工界线：以基准面为依据划平行线，后进行锯削、锉削加工，用千分尺控制平行度误差和尺寸公差 4）划两端圆弧面中一端的加工界线，并锉削加工该端圆弧面，用半径样板测量线轮廓度 5）以加工好的一端圆弧面为基准，划另一端圆弧的圆心，然后用划规划出圆弧加工线。锯削后锉削圆弧面，用千分尺控制长度尺寸，用半径样板测量线轮廓度 6）去毛刺，检测工件，合格后上交验收				
备注					

二、制订小组工作计划
小组工作计划内容是 _____

_____

_____

_____

_____

_____

_____

_____

想一想

三、引导问题
1. 制订安全防护措施
工作中的安全防护措施包括 _____

_____

_____

_____

_____

_____

2. 锉削的安全要求
锉削过程中的安全要求有 _____

_____

_____

_____

_____

_____

3. 锯削的安全要求
锯削过程中的安全要求有 _____

_____

_____

_____

_____

_____

_____

学习活动4 制作过程

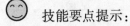 学习目标

1）能进行划线、锯削、锉削操作。
2）能正确使用量具进行测量，并能对所使用的量具进行日常保养。
3）在工作过程中出现问题，能通过与相关人员沟通获取解决问题的方法及措施。
4）能严格遵守规章制度及6S管理内容，按规范穿戴劳保用品，按环保要求处理废弃物，形成良好的职业素养。

建议学时

12学时。

学习准备

1）准备学习用具、工作页、多媒体及网络设备。
2）准备《机械基础》《机械制图》《金属材料与热处理》《钳工工艺学》《钳工技能训练》等相关教材。
3）准备《钳工手册》和《机械设计手册》等参考资料。
4）准备锯弓、锯条、金属直尺、钳工锉、游标卡尺、千分尺、半径样板、直角尺（刀口形直角尺）、高度游标卡尺、划规、铸铁平板和V形块等工、量、刃具。
5）准备台虎钳、砂轮机和钻床等设备。
6）准备45钢工件，规格为62mm×30mm×12mm材料。

学习过程

😊 技能要点提示：

1）锉削、锯削的动作和姿势正确是保证平面度、平行度、垂直度、圆度及加工质量的关键，特别是圆弧面的锉削方法要正确。

2）划线时，圆弧面与两大面的连接线要划清楚，才便于圆弧面的锉削加工。

3）长度尺寸、平面度、平行度、垂直度及圆弧面的检测方法要正确，特别是测量圆弧面时，用半径样板测量时，应从圆弧面与两大面的连接处开始测量。

想一想

一、引导问题

1) 写出划线工具。

_____

_____

_____

_____

2) 说一说锉削的方法。

_____

_____

_____

_____

3) 说一说锯削的方法。

_____

_____

_____

_____

4) 锉削外圆弧的方法。图 6-11a 所示为锉削外圆弧面常用的_____锉法,图 6-11b 所示为锉削外圆弧面常用的_____锉法。

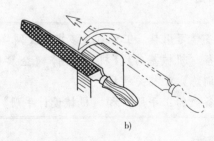

a)   b)

图 6-11 锉削外圆弧面

5) 要保证工件的尺寸精度,加工时进行测量是关键,如何进行平面度、垂直度、平行度和尺寸精度的测量?

①平面度的测量方法:采用_____法检查工件的平面度误差。

②垂直度的测量方法:用_____、_____检查工件的垂直度误差。

③平行度的测量方法。游标卡尺或外径千分尺测量法:其测量方法与尺寸精度的测量方法相同,测量所得最大值与最小值之_____即为工件的平行度误差;

百分表测量法：工件的平行度误差是百分表最大读数值与最小读数值之_____。

④ 外圆弧的测量方法：如图 6-12 所示，外圆弧用_____测量，并在整个圆弧上转动检测，采用透光法判断误差的大小，并根据误差情况修整外圆弧。

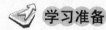

图 6-12　外圆弧的测量

二、制作

学生在规定时间内完成加工作业。

三、善后工作

学生按照 6S 要求整理实训设备及场地，填写日志，值日生做好值日工作。

学习活动5　交付验收

学习目标

1）能把检测结果与图样进行比较，判断零件是否合格。
2）能按照评分标准进行评分。

建议学时

2 学时。

学习准备

1）准备学习用具、工作页、多媒体及网络设备。
2）准备《机械基础》《机械制图》《金属材料与热处理》《钳工工艺学》《钳工技能训练》等相关教材。
3）准备《钳工手册》和《机械设计手册》等参考资料。

学习过程

完成产品的制作后，根据给出的标准对工件进行评分，填写表 6-5。

表 6-5　工件评分标准表

序号	考核内容	配分	评定标准	实测记录	自评得分	教师评分
1	28 ± 0.04mm	15	超差不得分			
2	60 ± 0.05mm	15	超差不得分			
3	外圆弧线轮廓度公差：0.1（2 处）	2×10	超差不得分			
4	平面度误差 0.04mm（2 处）	2×5	超差不得分			
5	平行度误差 0.06mm	5	超差不得分			

（续）

序号	考核内容	配分	评定标准	实测记录	自评得分	教师评分
6	垂直度误差0.04mm	5	超差不得分			
7	表面粗糙度值 $Ra \leqslant 3.2 \mu m$（4处）	4×5	超差不得分			
8	文明生产与安全生产	10	每次扣5分，扣完为止			
合计						

学习活动6　成果展示、评价与总结

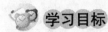 学习目标

1）小组成员能收集资料并进行作品展示。
2）能对自己及别人的工作进行评价。
3）能进行工作总结。

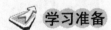 建议学时

6学时。

 学习准备

1）准备学习用具、工作页、多媒体及网络设备。
2）准备《机械基础》《机械制图》《金属材料与热处理》《钳工工艺学》《钳工技能训练》等相关教材。
3）准备《钳工手册》和《机械设计手册》等参考资料。

 学习过程

一、成果展示

1. 展示前的准备工作

小组成员收集资料，制作PPT或展板。

2. 展示过程

各个小组派代表将制作好的平键拿出来展示，并由讲解人员进行必要的介绍。在展示的过程中，以组为单位进行评价，评价完成后，根据其他组成员对本组展示成果的评价意见进行归纳总结。

二、评价

1. 评价标准

本学习过程的评价量表见表6-6。

表6-6 学习过程评价量表

班级		姓名		学号		配分	自评分	互评分	教师评分
课堂表现评价	1. 课堂上回答问题 2. 完成引导问题					2×6			
平时表现评价	1. 实习期间的出勤情况 2. 遵守实习纪律的情况 3. 平时技能操作练习的动作和姿势 4. 每天的实训任务完成质量 5. 良好的劳动习惯，实习岗位的卫生情况					5×2			
综合专业技能水平评价	基本知识	1. 熟悉机械工艺基础知识，掌握工件加工工艺流程 2. 识图能力强，掌握公差与配合的概念、术语，懂得相关专业知识 3. 掌握量具的结构、刻线原理及读数方法，了解量具的维护保养方法 4. 了解钳工常用工具的种类和用途				4×3			
	操作技能	1. 按钳工技能应会《评分表》标准评出工件实际分数 2. 熟悉质量分析方法，善于结合理论联合实际，提高自己的综合实践能力 3. 动手能力强，熟练钳工专业各项操作技能，基本功扎实 4. 熟悉加工工艺流程的选择技能和工艺路线优化技巧，掌握控制加工精度的技能				4×6			
	工具的使用	1. 工、量、刃具使用正确并懂得维护保养 2. 熟练操作钳工实习设备和工、量、刃具				2×3			
情感态度评价	1. 与教师的互动，团队合作 2. 良好的劳动习惯，注重提高自己的动手能力 3. 组员的交流与合作 4. 实践动手操作的兴趣、态度与积极主动性					4×4			
用好设备评价	1. 严格按工、量具的型号和规格摆放工、量具 2. 严格遵守机床操作规程和各工种安全操作规章制度，维护保养好实习设备					2×3			
资源使用评价	节约实习消耗用品，合理使用材料					4			
安全文明实习评价	1. 遵守实习场所的纪律，听从实习指导教师的指挥 2. 掌握安全操作规程和消防、灭火的安全知识 3. 严格遵守安全操作规程、实训中心的规章制度和实习纪律 4. 按国家有关法规，发生重大事故者，取消实习资格，并且实习成绩为零分 5. 遵守6S有关管理要求					5×2			
合计									

2. 总评分

进行总评，并填写学生成绩总评表，见表6-7。

表6-7 学生成绩总评表

序号	评分组	成绩	百分比	得分
1	检测工件分（教师）		30%	
2	学生自评分		20%	
3	学生互评分		20%	
4	教师评分		30%	
合计				

 评价方式提示：

1）采用学生自我评价、学生小组评价和教师评价相结合的发展性评价体系。学生的本工作任务总成绩由检测工件分（教师）、学生自评分、学生互评分和教师评分组成，各占30%、20%、20%和30%。

2）个人自评。学生完成学习过程评价量表的自评工作。

3）小组互评。学生完成学习过程评价量表的小组互评工作。

4）教师针对各组的展示进行评价。教师完成工件评分标准表和学习过程评价量表的教师评价工作，主要包括以下几点。

①找出各组的优点并进行点评。

②对展示过程中各组的缺点进行点评，并提出改进方法。

③指出完成整个任务的过程中出现的亮点和不足。

三、总结

1）在之前进行的产品加工工作中，你遇到了什么技术方面的困难？有哪些工作失误？

_____

_____

_____

_____

2）在以后的工作中，你将如何避免类似失误情况的出现？

_____

_____

_____

3）本工作任务结束了，谈一谈如何做好安全工作。

_____

_____

_____

_____

4）填写学习情况反馈表，见表6-8。

表6-8　学习情况反馈表

序号	评价项目	学习任务的完成情况
1	工作页的填写情况	
2	独立完成的任务	
3	小组合作完成的任务	
4	在教师指导下完成的任务	
5	是否达到了学习目标	
6	存在的问题及建议	

学习拓展

一、安全的重要性

1）请写出几点事实，说明安全的重要性。

_____

_____

_____

_____

_____

2）请写出几条关于安全方面的标语。

_____

_____

_____

_____

_____

_____

二、锉削内圆弧的方法

锉削内圆弧可采用圆锉和半圆锉，锉削时锉刀要同时完成三个运动：前进运动、顺圆弧面向左或向右的移动、绕锉刀中心线的转动，这样才能使内圆弧面光滑、准确，如图6-13所示。

三、米制、英制长度单位与换算

1. 米制单位

1米（m）=10分米（dm）；1分米（dm）=10厘米（cm）；

1厘米（cm）=10毫米（mm）；1毫米（mm）=10丝米（dmm）。

在机械制造中长度单位常以毫米（mm）作为基本单位，工件图样采用毫米（mm）作为尺寸的单位时，规定不标注长度单位。

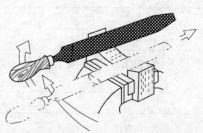

图6-13　锉削内圆弧面的方法

2. 英制单位

1 英尺（ft）＝12 英寸（in）　　　　　1 英寸（in）＝8 英分

英制长度单位以英寸作为基本单位。

3. 米制与英制长度单位的换算

1 英寸（in）＝25.4 毫米（mm）；

1 英尺（ft）＝304.8 毫米（mm）。

学习任务七　六角螺母的制作

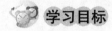 学习目标

完成本学习任务后，应当具备以下技能。

1）会手工绘制工件图。

2）能说出钳工常用的工、量、刃具。

3）有一定的金属材料知识，能查阅资料，解释工件材料牌号的含义。

4）能填写派工单并进行材料成本的计算。

5）能刃磨标准麻花钻钻头，并能正确使用台钻进行钻孔和扩孔操作。

6）会正确使用丝锥攻螺纹。

7）能熟练地进行划线和锉削加工工件操作，能选用锯削或錾削方法去除多余材料。

8）能正确使用万能量角器，并能熟练地使用游标卡尺、千分尺和刀口形直角尺，会进行量具的日常保养工作。

9）能与相关人员沟通，遵守操作规程及安全要求，形成良好的职业素养。

10）会把检测结果与图样进行比较，判断零件是否合格。

11）会进行成果展示、评价与总结。

建议学时

34 学时。

工作流程与活动

1）接受工作任务，明确工作要求。

2）工作准备。

3）制订工作计划。

4）制作过程。

5）交付验收。

6）成果展示、评价与总结。

任务描述

某工厂的机电维修人员在设备维修过程中发现一个六角螺母已损坏，因该六角螺母是非标准件，为了尽快把设备维修好，需要手工制作一个六角螺母，如图 7-1 所示。请根据给出的工件图样尺寸，加工一个六角螺母。

另外，机电维修人员在工作过程中，常常用麻花钻进行钻孔，请刃磨一把标准麻花钻，如图 7-2 所示。

图 7-1　六角螺母　　　　　　　　图 7-2　标准麻花钻

学习活动 1　接受工作任务，明确工作要求

学习目标

> 1）能识读产品图样，明确工作任务要求。
> 2）能填写派工单并进行材料成本计算。

建议学时

> 2 学时。

学习准备

> 1）准备学习用具、工作页、多媒体及网络设备。
> 2）准备《机械制图》《金属材料与热处理》《钳工工艺学》《钳工技能训练》等相关教材。
> 3）准备《钳工手册》和《机械设计手册》等参考资料。

学习过程

一、产品图样

六角螺母的零件图如图 7-3 所示。

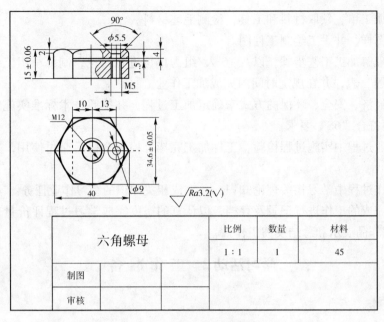

图 7-3　六角螺母零件图

二、填写派工单

填写六角螺母生产派工单，见表 7-1。

表 7-1　六角螺母生产派工单

生 产 派 工 单

单号：_____　开单部门：_____　开单人：_____

开单时间：_____年_____月_____日　　接单人：_____（签名）

以下由开单人填写			
工作内容	按图样尺寸加工六角螺母	完成工时	10h
产品技术要求	1）未注尺寸公差按 IT10 2）工件锐角去毛刺，孔口倒角		
以下由接单人和确认方填写			
领取材料		成本核算	金额合计： 仓管员（签名） 年　月　日
操作者检测			（签名） 年　月　日

比例 / 数量 / 材料表：

六角螺母	比例	数量	材料
	1：1	1	45
制图			
审核			

三、任务要求

1）依照派工单及图样所确定的生产加工项目，每人独立完成六角螺母工件的制作，并刃磨加工过程中所用的标准麻花钻。

2）填写派工单，领取材料和工具，检测毛坯材料。

3）读懂图样，并手工绘制工件图。

4）正确理解加工工艺步骤，以4~6人/组为单位进行讨论，制订小组工作计划，填写"加工工艺流程"表，并在规定时间内完成加工作业。

5）以最经济、安全、环保的方式来确定加工过程，并按照技术标准实施。在整个生产作业过程中要符合"6S"要求。

6）在作业过程中实施过程检验，工件加工完毕，检验合格后交付使用，并填写工件评分标准表。

7）在工作过程中学习相关理论知识，并完成相关知识的练习作业任务。

8）对已完成的工作进行记录及存档，以认真的态度完成学习过程评价量表的自评与互评工作，完成作品展示和总结反馈工作。

学习活动2　工作准备

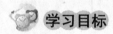 **学习目标**

1）能进行六角螺母的手工测绘。

2）有一定的金属材料知识，能查阅相关资料，解释图样中零件材料的牌号含义。

3）能说出钳工常用的工、量、刃具，并准备工作过程中所需的工、量、刃具。

4）能严格遵守安全规章制度及6S管理有关内容，并按要求规范穿戴劳保用品。

 **建议学时**

6学时。

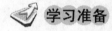 **学习准备**

1）准备学习用具、工作页、多媒体及网络设备。

2）准备《机械制图》《金属材料与热处理》《钳工工艺学》《钳工技能训练》等相关教材。

3）准备《钳工手册》和《机械设计手册》等参考资料。

4）准备锤子、扁錾、锯弓、锯条、金属直尺、钳工锉、游标卡尺、千分尺、直角尺（刀口形直角尺）、高度游标卡尺、万能角度尺、钻头、丝锥、铰杠、划规、铸铁平板和V形块等工、量、刃具。

5）准备台虎钳、砂轮机和钻床等加工设备。

6）准备45圆钢工件，规格为$\phi 42mm \times 16mm$材料。

学习过程

一、手工测绘草图

手工测绘六角螺母的草图，并将其绘制在图 7-4 中。

图 7-4 六角螺母草图

二、手工绘制零件图

选用标准图纸手工绘制六角螺母的零件图。

三、填写工作过程中所需的工、量、刃具

在表 7-2 中填写出工作过程中所需的工、量、刃具。

表 7-2 工作过程中所需的工、量、刃具

工作过程中所需的工具	
工作过程中所需的量具	
工作过程中所需的刃具	

■ 想一想

四、引导问题

1. 六角螺母的作用

六角螺母的作用是＿＿＿＿＿＿＿＿＿＿＿＿＿＿＿＿＿＿＿＿＿＿＿＿

＿＿＿＿＿＿＿＿＿＿＿＿＿＿＿＿＿＿＿＿＿＿＿＿＿＿＿＿＿＿＿＿＿＿＿＿

＿＿＿＿＿＿＿＿＿＿＿＿＿＿＿＿＿＿＿＿＿＿＿＿＿＿＿＿＿＿＿＿＿＿＿＿

＿＿＿＿＿＿＿＿＿＿＿＿＿＿＿＿＿＿＿＿＿＿＿＿＿＿＿＿＿＿＿＿＿＿＿＿

2. 碳素钢

1）碳素钢简称碳钢，是指在冶炼时没有特意加入合金元素，且碳的质量分数大于_____ 而小于_____的铁碳合金。

2）碳素钢按用途分为_____钢（其碳的质量分数一般均小于_____）和_____钢（其碳的质量分数一般均小于_____）。

3）碳素钢牌号的含义

Q235 _____

45 _____

50Mn _____

T12A _____

ZG270－500 _____

3. 制作六角螺母的材料

可以用 Q235 钢制作六角螺母吗？为什么？

_____

_____

_____

4. 认识常用工、量、刃具

根据表6-3中相应的图片，写出对应工、量、刃具的名称和用途。

表7-3 常用工、量、刃具及用途

图　　片	名　　称	用　　途

（续）

图　片	名　称	用　途

（续）

图　　片	名　　称	用　　途
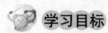		

学习活动3　制订工作计划

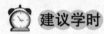

学习目标

1）能对照图样读懂加工工艺，并制订小组工作计划。

2）能制订安全防护措施。

建议学时

3学时。

学习准备

1）准备学习用具、工作页、多媒体及网络设备。

2）准备《机械制图》《金属材料与热处理》《钳工工艺学》《钳工技能训练》等相关教材。

3）准备《钳工手册》和《机械设计手册》等参考资料。

学习过程

　　操作过程指引提示：

1）加工过程中的加工工艺正确，才能保证加工质量。

2）为了保证六角螺母边长相等，有的加工面要以圆形毛坯的外圆表面作为测量基准进行测量。

3）用等径丝锥攻通孔螺纹时，只用丝锥的头攻攻出螺纹即可，不需要再用二攻、三攻加工。

4）倒圆弧角之前要先画好线，加工时依据位置线进行锉削即可。

一、制订加工工艺

制订加工工艺并填写加工工艺流程表，见表7-4。

表 7-4 加工工艺流程表

组别		组员		组长	

产品分析

制订加工工艺

1) 划线：先找圆心。用高度游标卡尺找圆心的方法：将工件放在平板上，紧靠 V 形铁，然后用高度游标卡尺以圆形毛坯半径尺寸在工件毛坯的两大面上沿边缘向内划多条直线交叉于一点或围成的圆点的中心即为圆心，然后在圆心处打样冲眼，用划规划圆，再进行六等分，最后划六边线条（划线过程最好用磁力表座吸稳工件，使两面划线一致）

2) 加工第 1 面：锯削或錾削去余量，以圆形毛坯外形作为测量基准，锉削控制 A 尺寸，A 尺寸等于圆形毛坯外形直径实际尺寸除以 2，再加上 12mm，如图 a 所示

3) 加工第 2 面：锯削或錾削去余量，锉削控制 34.6 ± 0.05mm 尺寸，如图 b 所示

4) 加工第 3 面：锯削或錾削去余量，锉削控制 A 尺寸并保证 120° 角，如图 c 所示

5) 加工第 4 面：锯削或錾削去余量，锉削控制 A 尺寸并保证 120° 角，如图 d 所示

6) 加工第 5、6 面：锯削或錾削去余量，锉削控制两处 34.6 ± 0.05mm 尺寸和 120° 角，如图 e 所示

7) 孔加工：先划线，钻螺纹 M12 的底孔，后攻 M12 的螺纹

8) 倒圆弧角

9) 最后检查尺寸，修整、去毛刺，合格后上交验收

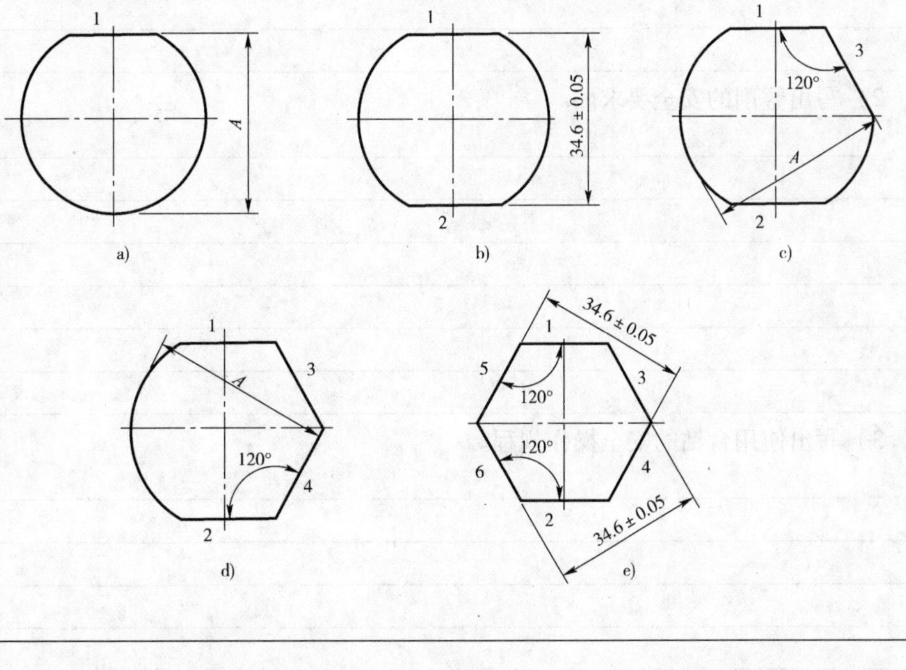

a)   b)   c)

d)   e)

备注

二、制订小组工作计划

小组工作计划的内容是_____

_____

_____

_____

_____

_____

_____

_____

想一想

三、引导问题

1）制订安全防护措施。

_____

_____

_____

_____

_____

2）写出錾削的安全要求。

_____

_____

_____

_____

3）写出使用台钻的安全操作规程。

_____

_____

_____

_____

_____

学习活动 4　制作过程

学习目标

1) 能进行划线操作，能锯削或錾削、锉削加工工件。
2) 能刃磨标准麻花钻头，并能正确使用台钻进行钻孔和扩孔。
3) 会攻螺纹前底孔直径的计算方法，正确使用丝锥攻螺纹。
4) 能正确使用量具进行测量，并能对量具进行日常保养。
5) 能与相关人员沟通，遵守操作规程及安全要求，养成良好的职业素养。

建议学时

15 学时。

学习准备

1) 准备学习用具、工作页、多媒体及网络设备。
2) 准备《机械制图》《金属材料与热处理》《钳工工艺学》《钳工技能训练》等相关教材。
3) 准备《钳工手册》和《机械设计手册》等参考资料。
4) 准备锤子、扁錾、锯弓、锯条、金属直尺、钳工锉、游标卡尺、千分尺、直角尺（刀口形直角尺）、高度游标卡尺、万能角度尺、钻头、丝锥、铰杠、划规、铸铁平板和 V 形块等工、量、刃具。
5) 准备台虎钳、砂轮机和钻床等加工设备。
6) 准备 45 圆钢工件，规格为 $\phi 42\text{mm} \times 16\text{mm}$ 的材料。

学习过程

☺　技能要点提示：

1) 加工步骤要正确。
2) 用万能角度尺测量 120° 角时，测量方法要正确，才能避免测量误差。
3) 由于加工表面较小，锉削时控制平面度、尺寸公差及角度是保证加工质量的关键。
4) 倒圆弧角的方法要正确。

想一想

一、引导问题

1）本工作任务中去除多余材料采用锯削还是錾削？錾削时要注意什么？

_____

_____

_____

_____

2）图7-5所示为万能角度尺测量角度的方法，用万能角度尺测量角度时要注意什么？

_____

_____

_____

_____

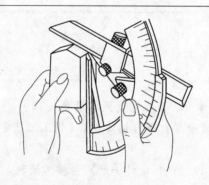

图7-5　万能角度尺的使用方法

3）麻花钻用于钻孔，其结构由柄部、_____及工作部分组成。标准麻花钻的顶角 $2\phi =$ _____，近外缘处前角最_____；标准麻花钻横刃斜角 = _____。

4）常用的钻床有_____、_____和_____等。

5）请说出钻孔的方法。

_____

_____

_____

_____

6）钻孔时，装夹工件有什么要求？

_____

_____

_____

7）攻螺纹之前，如何计算底孔直径？

8）如何区分丝锥的头攻、二攻和三攻？

9）请说出攻螺纹的方法。

10）图7-6所示为刃磨标准麻花钻的方法，请详细说明。

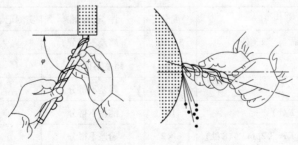

图7-6　刃磨标准麻花钻

二、制作

学生在规定时间内完成加工作业。

三、善后工作

学生按照6S要求整理实训设备及场地，填写日志，值日生做好值日工作。

学习活动5 交付验收

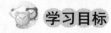 **学习目标**

1）会检测工件的方法，判断零件是否合格。
2）会按照评分标准进行评分。

建议学时

2学时。

学习准备

1）准备学习用具、工作页、多媒体及网络设备。
2）准备《机械制图》《金属材料与热处理》《钳工工艺学》《钳工技能训练》等相关教材。
3）准备《钳工手册》和《机械设计手册》等参考资料。

学习过程

完成产品的制作后，根据给出的标准对工件进行评分。

1. 六角螺母评分

给加工后的六角螺母评分，并填写表7-5。

表7-5 工件评分标准表

序号	考核内容	配分	评定标准	实测记录	自评得分	教师评分
1	34.6 ± 0.05mm （3处）	3×10	超差不得分			
2	15 ± 0.06mm	10	超差不得分			
3	120° （6处）	6×4	超差不得分			
4	M12 （2处）	10	乱牙不得分			
5	表面粗糙度值 $Ra \leqslant 3.2 \mu m$ （8处）	8×2	超差不得分			
6	文明生产与安全生产	10	每次扣5分，扣完为止			
合计						

2. 标准麻花钻刃磨评分

对标准麻花钻的刃磨进行评分，并填写表7-6。

表7-6 工件评分标准表

序号	考 核 内 容	配 分	评 分 标 准	自评得分	教师评分
1	顶角：118°±2°	20	超差全扣		
2	外缘处后角：10°~14° （2处）	2×15	超差全扣		
3	横刃斜角：50°~55°	20	超差全扣		
4	两主切削刃长度及外缘处两点高低一致	20	不符合全扣		
5	安全文明生产	10	违者每次扣2分，扣完为止		
合 计					

学习活动6 成果展示、评价与总结

 学习目标

1）小组成员会收集资料并进行作品展示。

2）能对自己及别人的工作进行客观的评价。

3）会对自己的工作进行总结。

🕐 建议学时

6学时。

学习准备

1）准备学习用具、工作页、多媒体及网络设备。

2）准备《机械制图》《金属材料与热处理》《钳工工艺学》《钳工技能训练》等相关教材。

3）准备《钳工手册》和《机械设计手册》等参考资料。

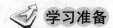 学习过程

一、成果展示

1. 展示前的准备工作

小组成员收集资料，制作PPT或展板。

2. 展示过程

各个小组派代表将制作好的六角螺母拿出来展示，并由讲解人员进行必要的介绍。在展示的过程中，以组为单位进行评价，评价完成后，根据其他组成员对本组展示的成果评价意见进行归纳总结。

二、评价

1. 评价标准

本学习过程的评价量表见表7-7。

表7-7 学习过程评价量表

班级		姓名		学号		配分	自评分	互评分	教师评分
课堂表现评价	1. 课堂上回答问题 2. 完成引导问题					2×6			
平时表现评价	1. 实习期间的出勤情况 2. 遵守实习纪律的情况 3. 平时技能操作练习的动作和姿势 4. 每天的实训任务完成质量 5. 良好的劳动习惯，实习岗位的卫生情况					5×2			
综合专业技能水平评价	基本知识	1. 熟悉机械工艺基础知识，掌握工件加工工艺流程 2. 识图能力强，掌握公差与配合的概念、术语，懂得相关专业知识 3. 掌握量具的结构、刻线原理及读数方法，并了解量具的维护保养方法 4. 了解钳工常用工具的种类和用途				4×3			
	操作技能	1. 按钳工技能应会《评分表》标准评出工件实际分数 2. 熟悉质量分析方法、善于结合理论联合实际，提高自己的综合实践能力 3. 动手能力强，熟练钳工专业各项操作技能，基本功扎实 4. 熟悉加工工艺流程的选择、技能和工艺路线优化技巧，掌握控制加工精度的技能				4×6			
	工具的使用	1. 工、量、刃具使用正确并懂得维护保养 2. 熟练操作钳工实习设备和工、量、刃具				2×3			
情感态度评价	1. 与教师的互动，团队合作 2. 良好的劳动习惯，注重提高自己的动手能力 3. 组员的交流与合作 4. 实践动手操作的兴趣、态度与积极主动性					4×4			
用好设备评价	1. 严格按工、量具的型号和规格摆放工、量具 2. 严格遵守机床操作规程和各工种安全操作规章制度，维护保养好实习设备					2×3			
资源使用评价	节约实习消耗用品，合理使用材料					4			
安全文明实习评价	1. 遵守实习场所的纪律，听从实习指导教师的指挥 2. 掌握安全操作规程和消防、灭火的安全知识 3. 严格遵守安全操作规程、实训中心的规章制度和实习纪律 4. 按国家有关法规，发生重大事故者，取消实习资格，并且实习成绩为零分 5. 遵守6S有关管理要求					5×2			
合计									

2. 总评分

进行总评，并填写学生成绩总评表，见表7-8。

表7-8 学生成绩总评表

序 号	评 分 组	成 绩	百 分 比	得 分
1	检测工件分（教师）		15%	
2	麻花钻刃磨评分（教师）		15%	
3	学生自评分		20%	
4	学生互评分		20%	
5	教师评分		30%	
合计				

三、总结

1）在本产品加工的工作中，你遇到了什么技术方面的困难？有哪些工作失误？

_____

_____

_____

2）该任务完成后有哪些收获？

_____

_____

_____

3）本工作任务结束了，有什么经验与大家分享？

_____

_____

_____

_____

4）填写学习情况反馈表，见表7-9。

表7-9 学习情况反馈表

序 号	评 价 项 目	学习任务的完成情况
1	工作页的填写情况	
2	独立完成的任务	
3	小组合作完成的任务	

（续）

序 号	评价项目	学习任务的完成情况
4	教师指导下完成的任务	
5	是否达到了学习目标	
6	存在的问题及建议	

学习拓展

一、正五边形工件的加工工艺

（1）将圆形毛坯锉削成边长尺寸为 $23.5_{-0.05}^{0}$ mm 的正五边形工件的加工工艺

1）划线：先找工件圆心，然后按正五边形画线方法划出正五边形外形。

2）加工第 1 面：锯削去余量，以圆形毛坯外形作为测量基准，锉削控制 A 尺寸，A 尺寸等于圆形毛坯外形直径实际尺寸除以 2，再加上 r（$r = 0.809R$，R 为外接圆半径），如图 7-7a 所示。

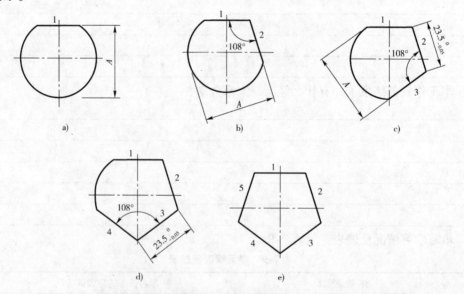

图7-7 圆形毛坯正五边形工件的加工工艺过程

3）加工第 2 面：锯削去余量，以圆形毛坯外形作为测量基准，先锉削控制 A 尺寸，再锉削控制 $108° ± 2'$ 角度，如图 7-7b 所示。

4）加工第 3 面：锯削去余量，以圆形毛坯外形作为测量基准，先锉削控制 A 尺寸，再锉削控制 2 面边长尺寸 $23.5_{-0.05}^{0}$ mm，间接测量边长尺寸，最后锉削控制 $108° ± 2'$ 角度，如

图 7-7c 所示。

5）加工第 4 面：锯削去余量，先锉削控制 3 面边长尺寸 $23.5_{-0.05}^{0}$ mm，间接测量边长尺寸，最后锉削控制 $108° \pm 2'$ 角度，如图 7-7d 所示。

6）加工第 5 面：其加工工艺与第 4 面相同，如图 7-7e 所示。

7）最后检查尺寸，修整、去毛刺。

（2）将板料毛坯锉削成边长尺寸为 $23.5_{-0.05}^{0}$ mm 的正五边形工件的加工工艺

1）加工第 1 面：与锉削基准面的方法相同，如图 7-8a 所示。

2）以第 1 面为划线基准，用高度游标卡尺划出正五边形的中心线，划线高度尺寸为 r（$r = 0.809R$，R 为外接圆半径），并用找正方法划出两面圆心，然后按正五边形划线方法划出第 1 面以外其他各面的线。

3）加工第 2 面：锯削去余量，以第 1 面为测量基准，按划线位置进行锉削，控制 $108° \pm 2'$，如图 7-8b 所示。

4）加工第 3 面：锯削去余量，先锉削控制 2 面边长尺寸 $23.5_{-0.05}^{0}$ mm，间接测量边长尺寸，再锉削控制 $108° \pm 2'$ 角度，如图 7-8c 所示。

5）加工第 4 面：锯削去余量，先锉削控制 3 面边长尺寸 $23.5_{-0.05}^{0}$ mm，间接测量边长尺寸，最后锉削控制 $108° \pm 2'$ 角度，如图 7-8d 所示。

6）加工第 5 面：其加工工艺与第 4 面相同，如图 7-8e 所示。

7）最后检查尺寸，修整、去毛刺。

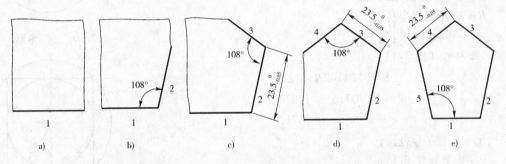

图 7-8　板料毛坯正五边形工件的加工工艺过程

二、分析并写出用板料加工正六边形的工艺

_____

_____

_____

_____

_____

_____

三、正六边形边长的对称度测量方法

正六边形工件的边长尺寸不能直接进行测量，要保证正六边形边长尺寸之间的误差，可

采用对称度测量法，其方法如图 7-9 所示，两次测量的百分表读数值之差的一半即为对称度误差。

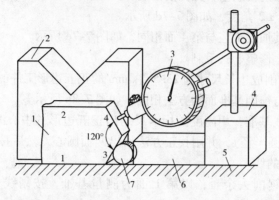

图 7-9　正六边形边长的对称度测量方法

1—工件　2—V 形块　3—百分表　4—磁力表座　5—铸铁平板　6—垫块　7—圆柱棒

四、正多边形的边长、外接圆半径与内切圆半径间的关系

1. 正三角形（图 7-10）

$$S = 1.732R = 3.4641r$$
$$R = 0.5774S = 2r$$
$$r = 0.2887S = 0.5R$$

式中　S——正三角形边长；

　　　R——外接圆半径；

　　　r——内切圆半径。

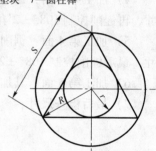

图 7-10　正三角形

2. 正方形（图 7-11）

$$S = 1.4142R = 2r$$
$$R = 0.7071S = 1.4142r$$
$$r = 0.5S = 0.7071R$$

式中　S——正方形边长；

　　　R——外接圆半径；

　　　r——内切圆半径。

3. 正五边形（图 7-12）

$$S = 1.1765R = 1.4531r$$
$$R = 0.8506S = 1.2360r$$
$$r = 0.6882S = 0.809R$$

式中　S——正五边形边长；

　　　R——外接圆半径；

　　　r——内切圆半径。

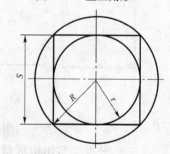

图 7-11　正方形

4. 正六边形（图 7-13）

$$S = R = 1.1547r$$
$$R = S = 1.1547r$$
$$r = 0.866S = 0.866R$$

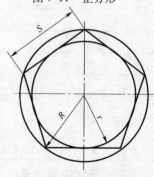

图 7-12　正五边形

式中　　S——正六边形边长；

　　　　R——外接圆半径；

　　　　r——内切圆半径。

　5. 正 n 边形

$$S = 2R\sin\frac{\alpha}{2} \qquad (\alpha = 360°/n)$$

$$r = R\cos\frac{\alpha}{2}$$

式中　　S——正六边形边长；

　　　　R——外接圆半径；

　　　　r——内切圆半径；

　　　　α——每一边长所对的圆心角。

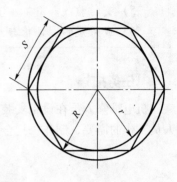

图 7-13　正六边形

学习任务八　金属锤的制作

学习目标

完成本学习任务后，应当具备以下技能。

1）会手工绘制锤子的工件图，并有一定的绘图知识。

2）能独立进行材料成本核算。

3）能更熟练地进行划线和锉削操作，并能根据材料采用深缝锯削的方法去除余量。

4）能熟练地使用量具，并会进行量具的日常保养。

5）能更熟练地进行孔加工。

6）有一定的热处理知识，在教师指导下会进行锤子淬火处理。

7）懂得如何与人沟通，认真遵守有关规范及安全要求，形成良好的职业素养。

8）能熟练地把检测结果与图样进行比较，判断零件是否合格。

9）能熟练地进行成果展示、评价与总结。

建议学时

43 学时。

工作流程与活动

1）接受工作任务，明确工作要求。

2）工作准备。

3）制订工作计划。

4）制作过程。

> 5）交付验收。
>
> 6）成果展示、评价与总结。

 任务描述

　　机电维修人员在设备安装、维修或技术改造生产工作中需要使用锤子，请根据机电维修人员工作的需要，制作一把金属锤，如图 8-1 所示。要求用直径 $\phi30\text{mm}$ 的 45 钢制作。

图 8-1　金属锤锤头

学习活动 1　接受工作任务，明确工作要求

 学习目标

> 1）能读懂产品图样结构。
>
> 2）明确工作任务要求。
>
> 3）能填写派工单并独立进行材料成本核算。

 建议学时

> 2 学时。

 学习准备

> 1）准备学习用具、工作页、多媒体及网络设备。
>
> 2）准备《机械制图》《金属材料与热处理》《钳工工艺学》《钳工技能训练》等相关教材。
>
> 3）准备《钳工手册》和《机械设计手册》等参考资料。

 学习过程

一、产品图样

　　该任务需要加工金属锤，其零件图如图 8-2 所示。

二、填写派工单

填写金属锤生产派工单，见表8-1。

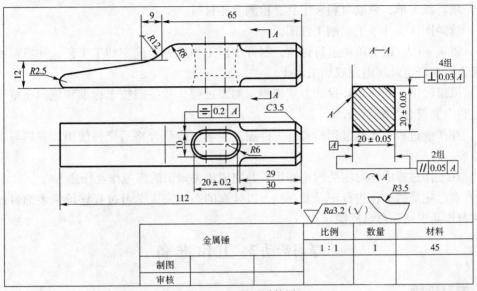

图 8-2　金属锤零件图

表 8-1　金属锤生产派工单

生产派工单

单号：＿＿＿＿＿　　开单部门：＿＿＿＿＿＿＿　　　　　开单人：＿＿＿＿＿＿

开单时间：＿＿＿＿＿年＿＿＿＿月＿＿＿＿日　接单人：＿＿＿＿＿＿＿＿＿＿（签名）

以下由开单人填写			
工作内容	按图样尺寸加工金属锤	完成工时	18h
产品技术要求	1）未注公差按 IT12 2）工件两端热处理淬硬 3）锐边去毛刺		
以下由接单人和确认方填写			
领取材料		成本核算	金额合计： 仓管员（签名） 年　月　日
操作者检测		（签名） 年　月　日	

三、任务要求

1）依照派工单所确定的生产加工项目，每人独立完成金属锤的加工制作。

2）填写派工单，领取材料和工具，检测毛坯材料。

3）读懂图样，并手工绘制工件图。

4）以 4~6 人/组为单位进行讨论，制订小组工作计划，确定加工工艺，并填写加工工艺流程表，在规定时间内完成加工作业。

5）以最经济、安全、环保的方式来确定加工过程，并按照技术标准实施。在整个生产作业过程中要符合"6S"要求。

6）在作业过程中实施过程检验，工件加工完毕，检验合格后交付使用，并填写工件评分标准表。

7）在工作过程中学习相关理论知识，并完成相关知识的练习作业任务。

8）对已完成的工作进行记录及存档，以认真的态度完成学习过程评价量表的自评与互评，进行作品展示和总结反馈。

学习活动 2 工 作 准 备

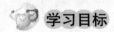 **学习目标**

1）能进行金属锤的手工测绘。

2）有一定的热处理知识，了解金属锤的热处理方法。

3）查阅资料，解释图样中零件材料牌号的含义。

4）能说出工作过程中所需的工、量、刃具。

5）能严格遵守安全规章制度及 6S 管理有关内容，并按要求规范穿戴劳保用品。

⏰ **建议学时**

6 学时。

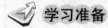 **学习准备**

1）准备学习用具、工作页、多媒体及网络设备。

2）准备《机械制图》《金属材料与热处理》《钳工工艺学》《钳工技能训练》等相关教材。

3）准备《钳工手册》和《机械设计手册》等参考资料。

4）准备锯弓、锯条、金属直尺、钳工锉、游标卡尺、千分尺、直角尺（刀口形直角尺）、高度游标卡尺、万能角度尺、钻头、划规、铸铁平板、V 形块等工、量、刃具。

5）准备台虎钳、砂轮机和钻床等加工设备。

6）准备 45 圆钢工件，规格为 $\phi30\text{mm} \times 115\text{mm}$ 的材料。

一、手工测绘草图

手工测绘金属锤的零件草图，画在图 8-3 处。

二、手工绘制零件图

选用标准图纸手工绘制金属锤的零件图。

三、填写工作过程中所需的工、量、刃具

在表 8-2 中填写出工作过程中所需的工、量、刃具。

表 8-2   工作过程中所需的工、量、刃具

工作过程中所需的工具	
工作过程中所需的量具	
工作过程中所需的刃具	

图 8-3   金属锤的草图

想一想

四、引导问题

1）查一查 45 钢的碳的质量分数是多少？

2）为什么金属锤要进行热处理？

3）填写表8-3中热处理的方法及目的。

表8-3　热处理的方法与目的

热处理	热处理的方法	热处理目的
退火		
正火		
淬火		
回火		
钢的渗碳		
调质		

4）指出表8-4图片中的产品采用的是下列哪种热处理方法：淬火 + 低温回火、淬火 + 中温回火、调质热处理。

表8-4　产品及所采用的热处理方法

图　片	热处理方法

学习活动3 制订工作计划

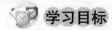 **学习目标**

1) 能对照图样读懂加工工艺，并制订小组工作计划。
2) 能制订安全防护措施。

建议学时

3 学时。

学习准备

1) 准备学习用具、工作页、多媒体及网络设备。
2) 准备《机械制图》《金属材料与热处理》《钳工工艺学》《钳工技能训练》等相关教材。
3) 准备《钳工手册》和《机械设计手册》等参考资料。

学习过程

操作过程指引提示：

1) 先粗加工圆形毛坯件的两个端面，然后再进行下一步的划线工作；锯削第一面前划线时，要将毛坯放在 V 形块上，防止其转动。

2) 锯削圆形毛坯四个大面的每面后，紧接着锉削加工该表面，达到要求后，再划线锯削下一面。

3) 将工件加工成 112mm×20mm×20mm 的长方体后，再进行下一步的划线加工。

4) 加工孔之前，采用 $\phi 9.5 \sim \phi 9.8$mm 的钻头钻孔。

5) 锉削四处 $R3.5$mm，应采用圆锉加工。

一、制订加工工艺

制订加工工艺并填写加工工艺流程表，见表8-5。

表8-5 加工工艺流程表

组别		组员			组长	
产品分析						

（续）

组别		组员			组长	

制订加工工艺	1）按图样检查毛坯件的尺寸和形状，看有无缺陷，尺寸是否符合要求
	2）在工件表面涂色，确定工件大面为基准面，划出加工界线
	3）加工基准面（第一加工面）：以毛坯面的外形为基准面划线后，再进行锯削，锯削后进行锉削粗加工，留有 0.1mm 的加工余量，后细锉，并用刀口形直角尺检查平面度误差，当达到技术要求后，基准面加工完毕
	4）加工第二加工面（与基准面平行的对面）：以基准面为基准划平行加工界线，先锯削后锉削加工，用游标卡尺测量平行度和尺寸公差，当达到技术要求后，第二加工面加工完毕
	5）加工第三加工面：划线后先锯削加工，再锉削加工，用直角尺通过基准面测量垂直面的垂直度，用刀口形直角尺检查平面度误差，当达到技术要求后，加工完毕
	6）加工第四加工面：第三面加工完成后，即可划出该面平行线，然后进行第四面的加工，达到技术要求则加工完毕
	7）加工第五面：加工工件两端中的一端，保证端面与第一、二、三、四面垂直，达到技术要求为止
	8）加工斜面：在工件两端中第五面相对的一端划出斜面线，先锯削加工，后锉削加工斜面，同时加工出 $R2.5$mm 及 $R12$mm 圆弧面
	9）倒角：先划线，后倒四处45°角
	10）孔加工：先钻孔，后用圆锉刀锉削加工，保证孔的两端开口大
	11）检验后对工件两端进行热处理
	12）检测工件，合格后上交验收
备注	

二、制订小组工作计划
小组工作计划内容是

想一想

三、引导问题
1）热处理工作的安全防护措施有哪些？

2）写出使用砂轮机的安全操作规程。

学习活动 4 制作过程

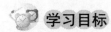 **学习目标**

1）能更熟练地进行划线、锯削、锉削及孔加工。
2）能更熟练地使用量具进行测量，并按要求对所使用的量具进行日常保养。
3）能对加工好的工件进行淬火热处理。
4）懂得如何与人沟通，认真遵守有关规范及安全要求，形成良好的职业素养。

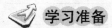 **建议学时**

24 学时。

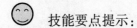 **学习准备**

1）准备学习用具、工作页、多媒体及网络设备。
2）准备《机械制图》《金属材料与热处理》《钳工工艺学》《钳工技能训练》等相关教材。
3）准备《钳工手册》和《机械设计手册》等参考资料。
4）准备锯弓、锯条、金属直尺、钳工锉、游标卡尺、千分尺、直角尺（刀口形直角尺）、高度游标卡尺、万能角度尺、钻头、划规、铸铁平板和 V 形块等工、量、刃具。
5）准备台虎钳、砂轮机和钻床等加工设备。
6）准备 45 圆钢工件，规格为 $\phi30mm \times 115mm$。

学习过程

技能要点提示：

1）将圆形毛坯加工成长方体前的锯削以及锤子斜面的锯削加工很关键，由于锯面长而宽，容易因锯缝歪斜而出现废品。

2）进行锤子孔加工前的钻孔加工时，应避免向左右两边偏移过大。

■■ 想一想 ■■

一、引导问题

1）本工件毛坯是圆形的，在划线时要注意哪些问题？

_____

_____

_____

2）锯削 45 钢材料，选用粗齿还是细齿锯条？为什么？

_____

_____

3）锉削圆孔的方法是什么？

_____

_____

4）钻孔时，如钻出浅坑与划线圆发生偏位，如何校正？

_____

_____

_____

_____

_____

5）扩孔用在什么场合？本工件需要扩孔吗？

_____

_____

_____

_____

_____

6）说出金属锤的淬火方法。

_____

_____

_____

_____

二、制作

学生在规定时间内完成加工作业。

三、善后工作

学生按照 6S 要求整理实训设备及场地，填写日志，值日生做好值日工作。

学习活动5 交付验收

学习目标

1）能熟练地把检测结果与图样进行比较，判断零件是否合格。
2）能熟练地按照评分标准进行评分。

建议学时

2 学时。

学习准备

1）准备学习用具、工作页、多媒体及网络设备。
2）准备《机械制图》《金属材料与热处理》《钳工工艺学》《钳工技能训练》等相关教材。
3）准备《钳工手册》和《机械设计手册》等参考资料。

学习过程

完成产品的制作后，根据给出的标准对工件进行评分工作，填写表8-6。

表8-6 工件评分标准表

序号	考核内容	配分	评定标准	实测记录	自评得分	教师评分
1	20 ± 0.05mm （2处）	2×10	超差不得分			
2	20 ± 0.20mm	10	超差不得分			
3	112mm、30mm、10mm、$R2.5$mm（4处）	4×6	超差不得分			
4	对称度误差0.20mm	8	超差不得分			
5	平行度误差0.05mm （2处）	2×3	超差不得分			
6	垂直度误差0.03mm （4处）	4×3	超差不得分			
7	表面粗糙度值 $Ra \leqslant 3.2\mu$m（10处）	10×1	超差不得分			
8	文明生产与安全生产	10	每次扣5分，扣完为止			
	合计					

学习活动6 成果展示、评价与总结

学习目标

1）小组成员熟练地收集资料并进行作品展示。
2）能对自己及别人的工作进行客观的评价。
3）会对自己的工作进行总结。

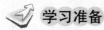

建议学时

6 学时。

学习准备

1) 准备学习用具、工作页、多媒体及网络设备。
2) 准备《机械制图》《金属材料与热处理》《钳工工艺学》《钳工技能训练》等相关教材。
3) 准备《钳工手册》和《机械设计手册》等参考资料。

学习过程

一、成果展示

1. 展示前的准备工作

小组成员收集资料，制作 PPT 或展板。

2. 展示过程

各个小组派代表将制作好的金属锤拿出来展示，并由讲解人员做必要的介绍。在展示的过程中，以组为单位进行评价，评价完成后，根据其他 组成员对本组展示的成果评价意见进行归纳总结。

二、评价

1. 评价标准

本任务的评价标准见表8-7。

表8-7　学习过程评价量表

班级		姓名		学号		配分	自评分	互评分	教师评分
课堂表现评价	1. 课堂上回答问题 2. 完成引导问题					2×6			
平时表现评价	1. 实习期间的出勤情况 2. 遵守实习纪律情况 3. 平时技能操作练习的动作和姿势 4. 每天的实训任务完成质量 5. 良好的劳动习惯，实习岗位的卫生情况					5×2			

（续）

班级			姓名		学号		配分	自评分	互评分	教师评分
综合专业技能水平评价	基本知识	1. 熟悉机械工艺基础知识，掌握工件加工工艺流程 2. 识图能力强，掌握公差与配合的概念、术语，懂得相关专业知识 3. 掌握量具的结构、刻线原理及读数方法，了解量具的维护保养方法 4. 了解钳工常用工具的种类和用途				4×3			
	操作技能	1. 按钳工技能应会《评分表》标准评出工件实际分数 2. 熟悉质量分析方法、善于结合理论联合实际，提高自己的综合实践能力 3. 动手能力强，熟练钳工专业各项操作技能，基本功扎实 4. 熟悉加工工艺流程的选择、技能和工艺路线优化技巧、掌握控制加工精度的技能				4×6			
	工具的使用	1. 工、量、刃具使用正确并懂得维护保养 2. 熟练操作钳工实习设备和工、量、刃具				2×3			
情感态度评价	1. 与教师的互动，团队合作 2. 良好的劳动习惯，注重提高自己的动手能力 3. 组员的交流与合作 4. 实践动手操作的兴趣、态度与积极主动性					4×4			
用好设备评价	1. 严格按工、量具的型号和规格摆放工、量具 2. 严格遵守机床操作规程和各工种安全操作规章制度，维护保养好实习设备					2×3			
资源使用评价	节约实习消耗用品、合理使用材料					4			
安全文明实习评价	1. 遵守实习场所的纪律，听从实习指导教师的指挥 2. 掌握安全操作规程和消防、灭火的安全知识 3. 严格遵守安全操作规程、实训中心的规章制度和实习纪律 4. 按国家有关法规，发生重大事故者，取消实习资格，并且实习成绩为零分 5. 遵守6S有关管理要求					5×2			
合计									

2. 总评分

进行总评，并填写学生成绩总评表，见表8-8。

表 8-8　学生成绩总评表

序号	评分组	成绩	百分比	得分
1	检测工件分（教师）		30%	
2	学生自评分		20%	
3	学生互评分		20%	
4	教师评分		30%	
合计				

三、总结

1）产品不合格的原因有哪些？如何避免产生不合格产品？

_____

_____

_____

_____

2）本工作任务结束了，你最想说些什么？

_____

_____

_____

3）填写学习情况反馈表，见表 8-9。

表 8-9　学习情况反馈表

序号	评价项目	学习任务的完成情况
1	工作页的填写情况	
2	独立完成的任务	
3	小组合作完成的任务	
4	在教师指导下完成的任务	
5	是否达到了学习目标	
6	存在的问题及建议	

学习拓展

錾子的热处理方法

如图 8-4 所示，淬火时把錾子（材料为 T7 或 T8）的切削部分约 20mm 长的一端加热到 750～780℃（呈樱红色）后迅速取出，并垂直地把錾子放入冷水中冷却（浸入深度为 5～6mm），并沿水面缓缓移动，当錾子露出水面的部分变成黑色时，将其由水中取出，利用錾子本身的余热进行回火，迅速擦去氧化皮，此时其颜色是白色，待其由白色变为黄色时，再将錾子全部浸入水中冷却的回火称为"黄火"；而待其由黄色变为蓝色时，再把錾子全部放入水中冷却的回火称为"蓝火"。

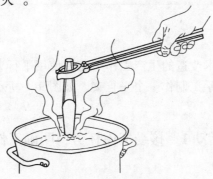

图 8-4　錾子的热处理

学习任务九　平行夹的制作

学习目标

完成本学习任务后，应当具备以下技能。

1）会手工绘制平行夹工件的零件图及装配图。

2）更熟练地进行材料成本计算，并具有成本意识。

3）能读懂图纸及加工工艺，并按照加工工艺进行工件的加工。

4）能更熟练地进行平面和圆弧面的锉削加工，并控制尺寸精度。

5）会正确使用量具。

6）会锪孔加工，并能更熟练地攻螺纹。

7）有一定的金属材料知识，能说出一些常用金属材料的牌号及其含义。

8）会与人沟通，有合作精神，严格遵守有关规范及安全要求，形成良好的职业素养。

9）能更熟练地检测工件，判断零件是否合格。

10）能更熟练地进行成果展示、评价与总结。

建议学时

48 学时。

工作流程与活动

> 1）接受工作任务，明确工作要求。
> 2）工作准备。
> 3）制订工作计划。
> 4）制作过程。
> 5）交付验收。
> 6）成果展示、评价与总结。

 任务描述

　　机电维修人员在设备技术改造的生产工作中需要使用平行夹，请根据机电维修人员工作的需要，手工制作一个平行夹，如图9-1所示，根据给出的零件图样尺寸进行加工。

图9-1　平行夹

学习活动1　接受工作任务，明确工作要求

 学习目标

> 1）能读懂产品零件图及装配图。
> 2）能明确工作任务要求。
> 3）能更熟练地填写派工单，进行材料成本计算，并具有成本意识。

 建议学时

> 2学时。

学习准备

> 1）准备学习用具、工作页、多媒体及网络设备。
> 2）准备《机械制图》《金属材料与热处理》《钳工工艺学》《钳工技能训练》等相关教材。
> 3）准备《钳工手册》和《机械设计手册》等参考资料。

 学习过程

一、产品图样

平行夹的装配图如图9-2所示，零件图如图9-3所示。

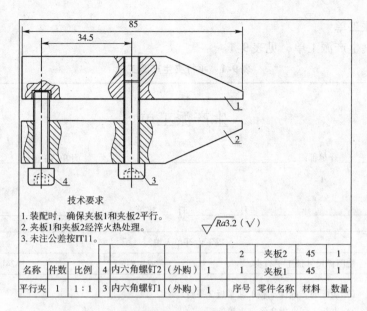

技术要求

1. 装配时，确保夹板1和夹板2平行。
2. 夹板1和夹板2经淬火热处理。
3. 未注公差按IT11。

$\sqrt{Ra3.2}$（√）

						2	夹板2	45	1
名称	件数	比例	4	内六角螺钉2	（外购）	1	1	夹板1	45	1
平行夹	1	1：1	3	内六角螺钉1	（外购）	1	序号	零件名称	材料	数量

图 9-2　平行夹装配图

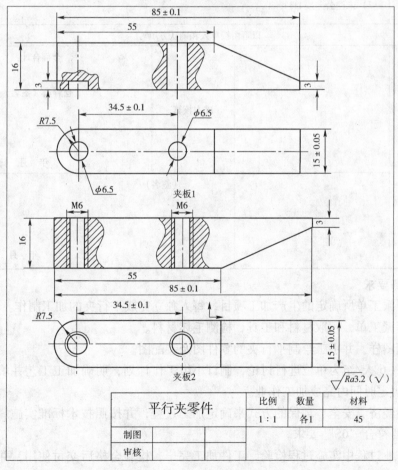

平行夹零件		比例	数量	材料
		1：1	各1	45
制图				
审核				

图 9-3　平行夹零件图

二、填写派工单

填写平行夹生产派工单，见表9-1。

表 9-1　平行夹生产派工单

生产派工单

单号：＿＿＿＿＿＿　开单部门：＿＿＿＿＿＿＿＿＿＿　开单人：＿＿＿＿＿＿＿＿

开单时间：＿＿＿＿＿年＿＿＿月＿＿＿日　接单人：＿＿＿＿＿＿＿＿＿＿（签名）

以下由开单人填写			
工作内容	按图样尺寸加工平行夹	完成工时	24h
产品技术要求	1）装配时，确保夹板1和平板2平行 2）夹板1和夹板2经淬火热处理 3）未注公差按 IT11		
以下由接单人和确认方填写			
领取材料		成本核算	金额合计： 仓管员（签名） 年　月　日
操作者检测	（签名） 年　月　日		

三、任务要求

1）依照派工单所确定的生产加工项目，每人独立完成平行夹的加工制作。

2）填写派工单，领取材料和工具，检测毛坯材料。

3）读懂图样，并手工绘制平行夹的零件图及装配图。

4）以4~6人/组为单位进行讨论，制订小组工作计划，明确加工工艺并填写加工工艺流程表，在规定时间内完成加工作业。

5）以最经济、安全、环保的方式来确定加工过程，并按照技术标准实施。在整个生产作业过程中要符合"6S"要求。

6）在作业过程中实施过程检验，工件加工完毕，检验合格后交付使用，并填写工件评分标准表。

7）在工作过程中学习相关理论知识，并完成相关知识的练习作业任务。

8）对已完成的工作进行记录及存档，以认真的态度完成学习过程评价量表的自评与互评工作及作品展示和总结反馈工作。

学习活动2　工作准备

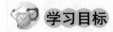 **学习目标**

1）能进行平行夹零件图及装配图的手工测绘工作。
2）了解平行夹的作用。
3）有一定的金属材料知识，能说出一些常用金属材料的牌号及含义。
4）能严格遵守安全规章制度及6S管理的有关内容，并能做好工作前的准备工作。

建议学时

6学时。

学习准备

1）准备学习用具、工作页、多媒体及网络设备。
2）准备《机械制图》《金属材料与热处理》《钳工工艺学》《钳工技能训练》等相关教材。
3）准备《钳工手册》和《机械设计手册》等参考资料。
4）准备锤子、扁錾、锯弓、锯条、金属直尺、钳工锉、游标卡尺、千分尺、万能角度尺、直角尺（刀口形直角尺）、高度游标卡尺、钻头、丝锥、铰杠、铸铁平板和V形铁等工、量、刃具。
5）准备台虎钳、砂轮机和钻床等加工设备。
6）准备45钢工件，规格为90mm×16mm×16mm（两块/人）；M6×50内六角螺钉（两个，外购）。
7）其他辅助工具：C形夹。

学习过程

一、手工测绘零件草图
手工测绘平行夹的装配图和零件图，分别画在图9-4和图9-5处。

二、手工绘制零件图
选用标准图纸手工绘制平行夹的零件图。

三、填写工作过程中所需的工、量、刃具
在表9-2中填写出工作过程中所需的工、量、刃具。

图 9-4　平行夹装配图

图 9-5　平行夹零件图

表 9-2 工作过程中所需的工、量、刃具

工作过程中所需的工具	
工作过程中所需的量具	
工作过程中所需的刃具	

想一想

四、引导问题

1. 平行夹的作用

平行夹的作用是_____

_____

_____

2. 铁碳合金

1）通常把以铁和铁碳为主的合金（钢铁）称为_____，黑色金属分为

_____和_____。

2）合金是_____

3）铁素体是_____

4）渗碳体是_____

3. 合金钢

（1）合金钢的分类

1）按用途分类：_____、_____、_____。

2）按合金元素总含量分类：_____金钢：合金元素总含量_____

_____；_____金钢：合金元素总含量_____；_____金

钢：合金元素总含量_____。

3）合金钢的牌号含义。

40Cr _____

60Si2Mn _____

38CrMoAlA _____

18MnMoNbER _____

9SiCr _____

Cr12MoV _____

W18Cr4V _____

GCr15SiMn _____

（2）合金结构钢

1）通常按用途及热处理特点不同，合金结构钢可分为_____、

_____、_____、_____

_____等几类。

2）常用合金结构钢牌号的含义。

Q460 _____

20Cr _____

20CrMn _____

40Cr _____

42CrMo _____

65Mn _____

GCr15

（3）合金工具钢

1）合金工具钢按用途可分为 _____、

_____、_____。

2）常用合金工具钢牌号的含义

9SiCr _____

9Mn2V _____

W18Cr4VCo10 _____

（4）特殊性能钢

1）不锈钢。

12Cr18Ni9 的含义：_____

10Cr17 的含义：_____

12Cr13 的含义：_____

2）耐热钢。

45Cr14Ni14W2Mo 的含义：_____

3）耐磨钢。

ZGMn13-1 的含义：_____

4. 铸铁

（1）铸铁的分类　根据铸铁在结晶过程中的石墨化程度不同进行分类_____

_____、_____、_____；

根据铸铁中石墨形态的不同进行分类_____、

_____、_____、_____；

（2）铸铁牌号的含义

HT100 _____

KTH300-06 _____

QT400-18 _____

学习活动3　制订工作计划

学习目标

> 1）能对照图样读懂提示及加工工艺，并具有编写简单工件加工工艺的能力。
> 2）能熟练制订小组工作计划及工作安全防护措施。

建议学时

2 学时。

学习准备

1）准备学习用具、工作页、多媒体及网络设备。
2）准备《机械制图》《金属材料与热处理》《钳工工艺学》《钳工技能训练》等相
  关教材。
3）准备《钳工手册》和《机械设计手册》等参考资料。

学习过程

 操作过程指引提示：

1）按图样要求分别加工夹板 1 和夹板 2。

2）锯削夹板 1 和夹板 2 的斜面，起锯时，应水平装夹工件，起锯深 1mm 左右后，再把
锯缝垂直放置装夹工件进行锯削。

3）两块夹板加工好后，划好线，将两块夹板合在一起用 C 形夹夹牢，进行钻孔加工。

一、制订加工工艺

制订加工工艺并填写加工工艺流程表，见表 9-3。

表 9-3　加工工艺流程表

组别		组员		组长	
产品分析					
制订 加工 工艺	1. 加工夹板 1 　1）锉削加工尺寸为 15mm 的两个平面中的一个，达到平面度、平行度、垂直度、直线度和表面粗糙度要求，然后以此面为基准面划 15mm 的线，锯削去余量，最后进行锉削加工，保证 15 ±0.05mm 的尺寸精度，达到平面度、平行度、垂直度、直线度和表面粗糙度要求 　2）加工两端面，保证 85 ±0.1mm 的尺寸精度，达到平面度、平行度、垂直度、直线度和表面粗糙度要求 2. 加工夹板 2 　1）锉削加工尺寸为 15mm 的两个平面中的一个，达到平面度、平行度、垂直度、直线度和表面粗糙度要求，然后以此面为基准面划 15mm 的线，锯削去余量，最后进行锉削加工，保证 15 ±0.05mm 的尺寸精度，达到平面度、平行度、垂直度、直线度和表面粗糙度要求 　2）加工两端面，保证 85 ±0.1mm 的尺寸精度，达到平面度、平行度、垂直度、直线度和表面粗糙度要求 3. 根据孔的尺寸分别在夹板 1 和夹板 2 上划线，然后将两者合在一起用 C 形夹夹牢，根据图样的尺寸钻 $\phi5mm$ 的孔，保证 34.5 ±0.1mm 的尺寸精度，然后对夹板 1 扩孔 $\phi6.5mm$ 及锪孔深 3mm，对夹板 2 攻 M6 螺纹 4. 最后进行整修，检测工件，合格后上交验收				
备注					

二、制订小组工作计划

小组工作计划内容是＿＿＿＿＿＿＿＿＿＿＿＿＿＿＿＿＿＿＿＿＿＿＿＿＿＿

＿＿＿＿＿＿＿＿＿＿＿＿＿＿＿＿＿＿＿＿＿＿＿＿＿＿＿＿＿＿＿＿＿＿＿＿

＿＿＿＿＿＿＿＿＿＿＿＿＿＿＿＿＿＿＿＿＿＿＿＿＿＿＿＿＿＿＿＿＿＿＿＿

＿＿＿＿＿＿＿＿＿＿＿＿＿＿＿＿＿＿＿＿＿＿＿＿＿＿＿＿＿＿＿＿＿＿＿＿

＿＿＿＿＿＿＿＿＿＿＿＿＿＿＿＿＿＿＿＿＿＿＿＿＿＿＿＿＿＿＿＿＿＿＿＿

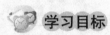 想一想

三、引导问题

制订安全防护措施。

工作中的安全防护措施包括＿＿＿＿＿＿＿＿＿＿＿＿＿＿＿＿＿＿＿＿＿＿

＿＿＿＿＿＿＿＿＿＿＿＿＿＿＿＿＿＿＿＿＿＿＿＿＿＿＿＿＿＿＿＿＿＿＿＿

＿＿＿＿＿＿＿＿＿＿＿＿＿＿＿＿＿＿＿＿＿＿＿＿＿＿＿＿＿＿＿＿＿＿＿＿

＿＿＿＿＿＿＿＿＿＿＿＿＿＿＿＿＿＿＿＿＿＿＿＿＿＿＿＿＿＿＿＿＿＿＿＿

＿＿＿＿＿＿＿＿＿＿＿＿＿＿＿＿＿＿＿＿＿＿＿＿＿＿＿＿＿＿＿＿＿＿＿＿

＿＿＿＿＿＿＿＿＿＿＿＿＿＿＿＿＿＿＿＿＿＿＿＿＿＿＿＿＿＿＿＿＿＿＿＿

＿＿＿＿＿＿＿＿＿＿＿＿＿＿＿＿＿＿＿＿＿＿＿＿＿＿＿＿＿＿＿＿＿＿＿＿

学习活动 4　制作过程

 学习目标

> 1）能更熟练地进行划线、锯削、锉削及孔加工操作，具有一定的控制尺寸精度的能力。
> 2）能更熟练地使用量具。
> 3）能给加工好的工件进行淬火处理。
> 4）会与人沟通，有合作精神，严格遵守有关规范及安全要求，形成良好的职业素养。

⏰ 建议学时

> 30 学时。

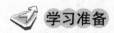 **学习准备**

1）准备学习用具、工作页、多媒体及网络设备。
2）准备《机械制图》《金属材料与热处理》《钳工工艺学》《钳工技能训练》等相
关教材。
3）准备《钳工手册》和《机械设计手册》等参考资料。
4）准备锤子、扁錾、锯弓、锯条、金属直尺、钳工锉、游标卡尺、千分尺、万能
角度尺、直角尺（刀口形直角尺）、高度游标卡尺、钻头、丝锥、铰杠、铸铁
平板和 V 形块等工、量、刃具。
5）准备台虎钳、砂轮机和钻床等加工设备。
6）准备 45 钢工件，规格为 90mm×16mm×16mm（两块/人）；M6×50 内六角螺钉
（两个，外购）。
7）其他辅助工具：C 形夹。

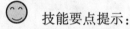 **学习过程**

 技能要点提示：

1）为了保证夹板 1 和夹板 2 上孔的一致性，要将两块夹板合在一起进行钻孔加工。
2）M6 丝锥直径较小，容易折断，攻螺纹时，要加机油润滑，并经常倒转 1/4～1/2 圈，
以避免丝锥被卡住而折断。
3）锯削两夹板的斜面时，起锯要正确，否则容易造成废品或刮伤已加工好的表面。

想一想

一、引导问题

1）夹板 1 上的两个孔和夹板 2 上的两个孔，钻孔时该怎样做？

_____

_____

_____

2）请说出锪孔的方法。

_____

_____

_____

_____

3）攻螺纹时要注意什么问题？

_____

4）如何进行斜面锯削？锯缝歪斜的原因是什么？

5）如何选择锉刀？锉削时，尺寸精度控制不好的原因是什么？

二、制作

学生在规定时间内完成加工作业。

三、善后工作

学生按照 6S 要求整理实训设备及场地，填写日志，值日生做好值日工作。

学习活动5　交 付 验 收

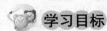 **学习目标**

> 1）能更熟练地检测工件，判断零件是否合格。
> 2）能更熟练地按照评分标准进行评分。

建议学时

> 2 学时。

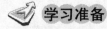 **学习准备**

> 1）准备学习用具、工作页、多媒体及网络设备。
> 2）准备《机械制图》《金属材料与热处理》《钳工工艺学》《钳工技能训练》等相
> 　关教材。
> 3）准备《钳工手册》和《机械设计手册》等参考资料。

 **学习过程**

完成产品的制作后，根据给出的标准对工件进行评分，填写表9-4。

表9-4　工件评分标准表

序号	考 核 要 求	配分	评 定 标 准	实测记录	互评得分	教师评分
1	15 ± 0.05mm　　（2处）	10×2	超差扣完			
2	85 ± 0.1mm　　（2处）	10×2	超差扣完			
3	34.5 ± 0.1mm　　（2处）	10×2	超差扣完			
4	M6　　（2处）	10×2	乱牙扣完			
5	$R7.5$mm　　（2处）	5×2	超差扣完			
6	安全文明生产	10	违者酌情扣1~5分，扣完为止			
合计						

学习活动6　成果展示、评价与总结

学习目标

1）小组成员较熟练地收集资料并进行作品展示。
2）会对自己及别人的工作进行客观的评价。
3）能熟练地对自己的工作进行总结。

建议学时

6学时。

学习准备

1）准备学习用具、工作页、多媒体及网络设备。
2）准备《机械制图》《金属材料与热处理》《钳工工艺学》《钳工技能训练》等相关教材。
3）准备《钳工手册》和《机械设计手册》等参考资料。

学习过程

一、成果展示

1）展示前的准备工作

小组成员收集资料，制作PPT或展板。

2）展示过程

各个小组派代表将制作好的平行夹拿出来展示，并由讲解人员进行必要的介绍。在展示的过程中，以组为单位进行评价，评价完成后，根据其他组成员对本组展示的成果评价意见进行归纳总结。

二、评价

1. 评价标准

本任务的评价标准见表9-5。

表9-5 学习过程评价量表

班级		姓名		学号		配分	自评分	互评分	教师评分
课堂表现评价	1. 课堂上回答问题 2. 完成引导问题					2×6			
平时表现评价	1. 实习期间的出勤情况 2. 遵守实习纪律的情况 3. 平时技能操作练习的动作和姿势 4. 每天的实训任务完成质量 5. 良好的劳动习惯，实习岗位的卫生情况					5×2			
综合专业技能水平评价	基本知识	1. 熟悉机械工艺基础知识，掌握工件加工工艺流程 2. 识图能力强，掌握公差与配合的概念、术语，懂得相关专业知识 3. 掌握量具的结构、刻线原理及读数方法，了解量具的维护保养方法 4. 了解钳工常用工具的种类和用途				4×3			
	操作技能	1. 按钳工技能应会《评分表》标准评出工件实际分数 2. 熟悉质量分析方法、善于结合理论联合实际，提高自己的综合实践能力 3. 动手能力强，熟练钳工专业各项操作技能，基本功扎实 4. 熟悉加工工艺流程的选择、技能和工艺路线优化技巧、掌握控制加工精度的技能				4×6			
	工具的使用	1. 工、量、刃具使用正确并懂得维护保养 2. 熟练操作钳工实习设备和工、量、刃具应用				2×3			
情感态度评价	1. 与教师的互动，团队合作 2. 良好的劳动习惯，注重提高自己的动手能力 3. 组员的交流与合作 4. 实践动手操作的兴趣、态度积极主动性					4×4			
用好设备评价	1. 严格按工、量具的型号和规格摆放好工、量具 2. 严格遵守机床操作规程和各工种安全操作规章制度，维护保养好实习设备					2×3			
资源使用评价	节约实习消耗用品，合理使用材料					4			

（续）

班级		姓名		学号		配分	自评分	互评分	教师评分
安全 文明 实习 评价	1. 遵守实习场所的纪律，听从实习指导教师的指挥 2. 掌握安全操作规程和消防、灭火的安全知识 3. 严格遵守安全操作规程、实训中心的规章制度和实习纪律 4. 按国家有关法规，发生重大事故者，取消实习资格，并且实习成绩为零分 5. 遵守6S有关管理要求					5×2			
合计									

2. 总评分

进行总评，并填写学生成绩总评表，见表9-6。

表9-6　学生成绩总评表

序　号	评　分　组	成　绩	百　分　比	得　分
1	检测工件分（教师）		30%	
2	学生自评分		20%	
3	学生互评分		20%	
4	教师评分		30%	
合计				

三、总结

1）到目前为止，你最大的收获是什么？

_____

_____

_____

_____

_____

_____

_____

2）填写学习情况反馈表，见表9-7。

表9-7　学习情况反馈表

序　号	评 价 项 目	学习任务的完成情况
1	工作页的填写情况	
2	独立完成的任务	
3	小组合作完成的任务	
4	在教师指导下完成的任务	

（续）

序　号	评价项目	学习任务的完成情况
5	是否达到了学习目标	
6	存在的问题及建议	

👆 **学习拓展**

如何将麻花钻改磨成如图9-6所示的90°锥形锪钻和圆柱锪钻？

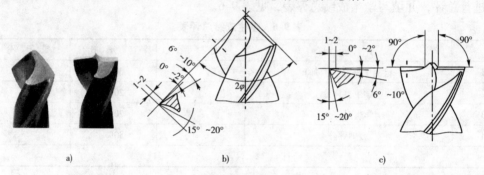

图9-6　锪钻
a）实物图　b）90°锥形锪钻　c）圆柱锪钻

学习任务十　角钢弯形件的制作

🔧 **学习目标**

完成本学习任务后，应当具备以下技能。

1）会手工绘制工件图，并有一定的绘图知识。

2）会对角钢材料进行成本计算。

3）能读懂角钢弯形件的加工工艺。

4）能看懂产品图样，会进行角钢下料前毛坯长度的计算。

5）会选择合适的工具进行角钢材料下料划线及角钢弯形工作。

6）能根据下料要求，采用正确的锯削及锉削方法去除余量。

7）能说出钳工常用金属材料的牌号及其含义。

8）有良好的合作精神，遵纪守法，有良好的职业素养。

9）能较熟练地检测工件，判断零件是否合格。

10）能较熟练地进行成果展示、评价与总结。

建议学时

> 30 学时。

 工作流程与活动

> 1）接受工作任务，明确工作要求。
> 2）工作准备。
> 3）制订工作计划。
> 4）制作过程。
> 5）交付验收。
> 6）成果展示、评价与总结。

任务描述

图 10-1　角钢弯形件

　　机电维修人员在设备技术改造工作中需要一个角钢弯形件，如图 10-1 所示。请根据给出的工件图样尺寸，用角钢（等边角钢，边宽度为 30mm，边厚度为 3mm）手工制作一个角钢弯形件，焊接工作由焊工完成。

学习活动 1　接受工作任务，明确工作要求

学习目标

> 1）能读懂产品图样及产品结构。
> 2）能熟练地填写派工单，并进行角钢材料的成本计算。
> 3）能够明确任务要求。

建议学时

> 2 学时。

学习准备

> 1）准备学习用具、工作页、多媒体及网络设备。
> 2）准备《机械制图》《金属材料与热处理》《钳工工艺学》《钳工技能训练》等相关教材。
> 3）准备《钳工手册》和《机械设计手册》等参考资料。

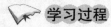 学习过程

一、产品图样

该任务需要手工制作角钢弯形件，其零件图如图10-2所示。

二、填写派工单

填写角钢弯形件的生产派工单，见表10-1。

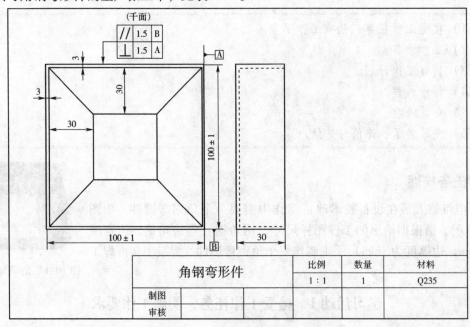

图 10-2　角钢弯形件零件图

表 10-1　角钢弯形件的生产派工单

生产派工单

单号：_____　开单部门：_____　开单人：_____

开单时间：_____年_____月_____日　接单人：_____（签名）

			以下由开单人填写		
工作内容	按图样尺寸加工角钢弯形件		完成工时		8h
产品技术要求	1. 角钢进行90°弯形后，外角部分圆弧半径要小，内角部分的连接缝间隙要求小于1mm 2. 角钢弯形后应无明显的锤击痕迹 3. 平面度和直线度误差应小于0.8mm				
	以下由接单人和确认方填写				

（续）

领取材料		成本核算	金额合计： 仓管员（签名） 年 月 日
操作者检测		（签名） 年 月 日	

三、任务要求

1）依照派工单所确定的生产加工项目，每人独立完成角钢弯形件的加工制作。

2）填写派工单，领取材料和工具，检测毛坯材料。

3）读懂图样，并手工绘制角钢弯形件的零件图。

4）以4~6人/组为单位进行讨论，制订小组工作计划，确定加工工艺并填写加工工艺流程表，在规定时间内完成加工作业。

5）以最经济、安全、环保的方式来确定加工过程，并按照技术标准实施。在整个生产作业过程中要符合"6S"要求。

6）在作业过程中实施过程检验，工件加工完毕，检验合格后交付使用，并填写工件评分标准表。

7）在工作过程中学习相关理论知识，并完成相关知识的练习作业任务。

8）对已完成的工作进行记录及存档，以认真的态度完成学习过程评价量表的自评与互评，进行作品展示和总结反馈。

学习活动 2 工 作 准 备

学习目标

1）能进行角钢弯形件工件图的手工测绘工作，并有一定的绘图知识。

2）能说出钳工常用金属材料的牌号及其含义。

3）学会角钢下料前毛坯长度的计算方法。

4）能做好工作前的准备。

建议学时

6学时。

学习准备

1) 准备学习用具、工作页、多媒体及网络设备。
2) 准备《机械制图》《金属材料与热处理》《钳工工艺学》《钳工技能训练》等相关教材。
3) 准备《钳工手册》和《机械设计手册》等参考资料。
4) 准备锤子、锯弓、锯条、金属直尺、钳工锉、卷尺、千分尺、直角尺、高度游标卡尺、45°的直角尺、划针、铸铁平板和 V 形块等工、量、刃具。
5) 准备台虎钳、砂轮机和钻床等加工设备。
6) 准备角钢工件，规格为等边角钢，边宽度 30mm，边厚度 3mm，长 450mm。

学习过程

一、手工测绘草图

手工测绘角钢弯形件的草图，画在图 10-3 处。

图 10-3　角钢弯形件草图

二、手工绘制角钢零件图

选用标准图纸手工绘制角钢弯形件的零件图。

三、填写工作过程中所需的工、量、刃具

在表 10-2 中填写出工作过程中所需的工、量、刃具。

表 10-2　工作过程中所需的工、量、刃具

工作过程中所需的工具	
工作过程中所需的量具	
工作过程中所需的刃具	

想一想

四、引导问题

1) 了解钳工常用刀具材料及其牌号, 完成表 10-3。

表 10-3　钳工常用刀具材料及其牌号

钳工常用刀具材料	常用刀具举例	常用牌号举例
碳素工具钢		
合金工具钢		
高速钢		
硬质合金		

2) 根据表 10-4 中所给的图片完成表中相应内容。

表 10-4　几种常见物品及其材料的牌号含义

图　片	名　称	牌号及其含义
	手用锯条	
	钳工锉	
	錾子	
	铸铁平板	
	齿轮	
	钢板弹簧	
	滚动轴承	

（续）

图　片	名　称	牌号及其含义
	不锈钢锅	

3）角钢弯形前坯料长度的计算方法及计算公式。

_____

_____

_____

_____

_____

学习活动 3　制订工作计划

 **学习目标**

1）能读懂操作过程指引提示及角钢弯形件的加工工艺。
2）能较熟练地制订小组工作计划及安全防护措施。

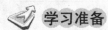 **建议学时**

2 学时。

学习准备

1）准备学习用具、工作页、多媒体及网络设备。
2）准备《机械制图》《金属材料与热处理》《钳工工艺学》《钳工技能训练》等相关教材。
3）准备《钳工手册》和《机械设计手册》等参考资料。

 学习过程

 　操作过程指引提示：
角钢弯形件的制作步骤如下：

1）对角钢进行检测，对其不平和扭曲处进行矫正。

2）计算工件每段的长度。

3）锯削去除弯形量，并进行锉削修整。

4）弯形时先把角钢第一段夹在台虎钳上，保证划线位置与台虎钳侧面平齐，然后用手抓角钢伸出端，把角钢折弯，并用锤子锤击弯形部位；以此方法，按顺序分别对第二、三段角钢进行弯形。

5）最后进行找正，使其符合图样尺寸要求。

一、制订加工工艺

制订加工工艺并填写加工工艺流程表，见表10-5。

表 10-5　加工工艺流程表

组别		组员			组长	
产品分析						
制订加工工艺	1）先对角钢进行检测，对其不平和扭曲处进行矫正 2）计算工件每段的长度。角钢弯形第一段长度为：$100\text{mm} - 3\text{mm} = 97\text{mm}$；第二、三段长度为：$94 + 0.5t = 94\text{mm} + 0.5 \times 3\text{mm} = 95.5\text{mm}$；第四段长度为：$97 + 0.5t = 97\text{mm} + 0.5 \times 3\text{mm} = 98.5\text{mm}$（$t = 3\text{mm}$，角钢厚度）。根据计算值进行划线，如图 a 所示 3）锯削去除弯形量，如图 b 所示，并进行锉削修整。划线方法如图 c 所示 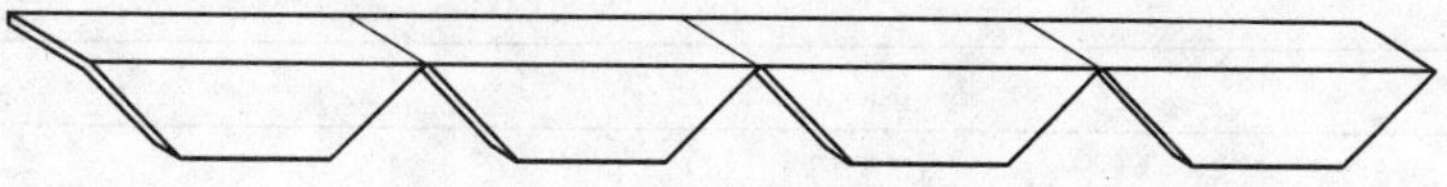 a) 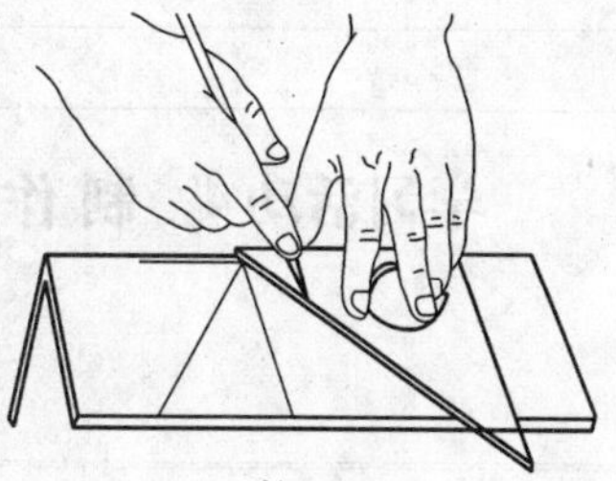 b) 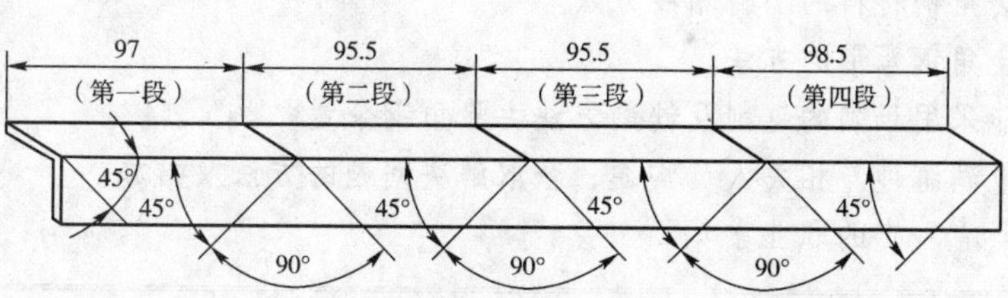 c) 4）弯形时先把角钢第一段夹在台虎钳上，保证划线位置与台虎钳侧面平齐，然后用手抓角钢伸出端，把角钢折弯，并用锤子锤击弯形部位；以此方法，按顺序分别对第二、三段角钢进行弯形 5）最后进行找正，使其符合图样尺寸要求						
备注						

二、制订小组工作计划
小组工作计划内容是＿＿＿＿＿＿＿＿＿＿＿＿＿＿＿＿＿＿＿＿＿＿＿＿

＿＿＿＿＿＿＿＿＿＿＿＿＿＿＿＿＿＿＿＿＿＿＿＿＿＿＿＿＿＿＿＿＿＿＿＿＿＿

＿＿＿＿＿＿＿＿＿＿＿＿＿＿＿＿＿＿＿＿＿＿＿＿＿＿＿＿＿＿＿＿＿＿＿＿＿＿

＿＿＿＿＿＿＿＿＿＿＿＿＿＿＿＿＿＿＿＿＿＿＿＿＿＿＿＿＿＿＿＿＿＿＿＿＿＿

＿＿＿＿＿＿＿＿＿＿＿＿＿＿＿＿＿＿＿＿＿＿＿＿＿＿＿＿＿＿＿＿＿＿＿＿＿＿

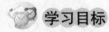

想一想

三、引导问题
制订安全防护措施。
工作中的安全防护措施包括＿＿＿＿＿＿＿＿＿＿＿＿＿＿＿＿＿＿＿＿＿＿

＿＿＿＿＿＿＿＿＿＿＿＿＿＿＿＿＿＿＿＿＿＿＿＿＿＿＿＿＿＿＿＿＿＿＿＿＿＿

＿＿＿＿＿＿＿＿＿＿＿＿＿＿＿＿＿＿＿＿＿＿＿＿＿＿＿＿＿＿＿＿＿＿＿＿＿＿

＿＿＿＿＿＿＿＿＿＿＿＿＿＿＿＿＿＿＿＿＿＿＿＿＿＿＿＿＿＿＿＿＿＿＿＿＿＿

＿＿＿＿＿＿＿＿＿＿＿＿＿＿＿＿＿＿＿＿＿＿＿＿＿＿＿＿＿＿＿＿＿＿＿＿＿＿

＿＿＿＿＿＿＿＿＿＿＿＿＿＿＿＿＿＿＿＿＿＿＿＿＿＿＿＿＿＿＿＿＿＿＿＿＿＿

＿＿＿＿＿＿＿＿＿＿＿＿＿＿＿＿＿＿＿＿＿＿＿＿＿＿＿＿＿＿＿＿＿＿＿＿＿＿

＿＿＿＿＿＿＿＿＿＿＿＿＿＿＿＿＿＿＿＿＿＿＿＿＿＿＿＿＿＿＿＿＿＿＿＿＿＿

学习活动 4　制 作 过 程

学习目标

> 1）会角钢材料的下料划线方法。
> 2）会角钢弯形的方法。
> 3）能采用正确的锯削及锉削方法去除角钢余量。
> 4）能熟练地与相关人员沟通，获取解决问题的方法及措施。
> 5）具有一定的职业素养。

建议学时

> 12 学时。

学习准备

1）准备学习用具、工作页、多媒体及网络设备。

2）准备《机械制图》《金属材料与热处理》《钳工工艺学》《钳工技能训练》等相关教材。

3）准备《钳工手册》和《机械设计手册》等参考资料。

4）准备锤子、锯弓、锯条、金属直尺、钳工锉、卷尺、千分尺、直角尺、高度游标卡尺、45°的直角尺、划针、铸铁平板和 V 形块等工、量、刃具。

5）准备台虎钳、砂轮机和钻床等加工设备。

6）准备角钢工件，规格为等边角钢，边宽度 30mm，边厚度 3mm，长 450mm。

学习过程

😊 技能要点提示：

1）对角钢进行检测后，对角钢的不平和扭曲处进行矫正，要求无明显的锤击痕迹，平面度误差应小于 0.8mm，直线度误差应小于 0.8mm。

2）角钢下料时要用 45°的直角尺划线，为了保证工件的外形尺寸精度，下料时要根据角钢弯形长度计算值来划线。

3）角钢进行 90°弯形后，外角部分圆弧半径要小，内角部分的连接缝间隙要求小于 1mm。角钢弯形后应无明显的锤击痕迹，平面度和直线度误差均应小于 0.8mm。

■ **想一想**

一、引导问题

1）怎样计算本工件弯形前角钢的坯料长度？

_____

_____

_____

_____

2）矫正方法有哪些？如何矫正角钢扭曲？

_____

_____

_____

3）弯形方法有哪些？本工件采用热弯还是冷弯？

_____

_____

4）锯削角钢要注意什么？造成锯齿崩裂的原因是什么？

5）怎样进行角钢弯形？

二、制作

学生在规定时间内完成加工作业。

三、善后工作

学生按照6S要求整理实训设备及场地，填写日志，值日生做好值日工作。

学习活动5 交付验收

学习目标

1）能较熟练地检测工件，判断零件是否合格。
2）能较熟练地按照评分要求进行评分。

建议学时

2学时。

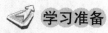 学习准备

1）准备学习用具、工作页、多媒体及网络设备。
2）准备《机械制图》、《金属材料与热处理》、《钳工工艺学》、《钳工技能训练》
等相关教材。
3）准备《钳工手册》和《机械设计手册》等参考资料。

学习过程

完成产品的制作后，根据给出的标准对工件进行评分工作，填写表10-6。

表10-6　工件评分标准表

考核内容	配分	评分标准	自评得分	教师评分
100 ± 1mm　　（2处）	2×15	超差全扣		
⊥ 1.5 A　　（2处）	2×7	超差全扣		
∥ 1.5 B　　（2处）	2×7	超差全扣		
平面度和直线度误差小于0.8mm　（4处）	4×3	超差全扣		
角钢弯形后应无明显的锤击痕迹	8	超差全扣		
内角部分的连接缝间隙要求小于1mm，外角部分圆弧半径要小（4处）	4×3	超差全扣		
安全文明生产	10	违者每次扣2分，扣完为止		
合计				

学习活动6　成果展示、评价与总结

学习目标

1）小组成员都能进行作品展示。
2）能较熟练地对自己及别人的工作进行较客观的评价。
3）能较熟练地进行工作总结。

建议学时

6学时。

 **学习准备**

> 1) 准备学习用具、工作页、多媒体及网络设备。
> 2) 准备《机械基础》《机械制图》《金属材料与热处理》《钳工工艺与技能训练》等相关教材。
> 3) 准备《钳工手册》和《机械设计手册》等参考资料。

 **学习过程**

一、成果展示

1. 展示前的准备工作

小组成员收集资料，制作 PPT 或展板。

2. 展示过程

各个小组派代表将制作好的角钢弯形件拿出来展示，并由讲解人员进行必要的介绍。在展示的过程中，以组为单位进行评价，评价完成后，根据其他组成员对本组展示的成果评价意见进行归纳总结。

二、评价

1. 评价标准

本任务的学习过程评价量表见表 10-7。

表 10-7　学习过程评价量表

班级		姓名		学号		配分	自评分	互评分	教师评分
课堂表现评价	1. 课堂上回答问题 2. 完成引导问题					2×6			
平时表现评价	1. 实习期间的出勤情况 2. 遵守实习纪律的情况 3. 平时技能操作练习的动作和姿势 4. 每天的实训任务完成质量 5. 良好的劳动习惯，实习岗位的卫生情况					5×2			
综合专业技能水平评价	基本知识	1. 熟悉机械工艺基础知识，掌握工件加工工艺流程 2. 识图能力强，掌握公差与配合的概念、术语，懂得相关专业知识 3. 掌握量具的结构、刻线原理及读数方法，了解量具的维护保养方法 4. 了解钳工常用工具的种类和用途				4×3			
	操作技能	1. 按钳工技能应会《评分表》标准评出工件实际分数 2. 熟悉质量分析方法、善于结合理论联合实际，提高自己的综合实践能力 3. 动手能力强，熟练钳工专业各项操作技能，基本功扎实 4. 熟悉加工工艺流程的选择、技能和工艺路线优化技巧，掌握控制加工精度的技能				4×6			

（续）

班级		姓名	学号		配分	自评分	互评分	教师评分
综合专业技能水平评价	工具的使用	1. 工、量、刃具使用正确并懂得维护保养 2. 熟练操作钳工实习设备和工、量、刃具			2×3			
情感态度评价		1. 与教师的互动，团队合作 2. 良好的劳动习惯，注重提高自己的动手能力 3. 组员的交流与合作 4. 实践动手操作的兴趣、态度与积极主动性			4×4			
用好设备评价		1. 严格按工、量具的型号和规格摆放工、量具 2. 严格遵守机床操作规程和各工种安全操作规章制度，维护保养好实习设备			2×3			
资源使用评价		节约实习消耗用品，合理使用材料			4			
安全文明实习评价		1. 遵守实习场所的纪律，听从实习指导教师的指挥 2. 掌握安全操作规程和消防、灭火的安全知识 3. 严格遵守安全操作规程、实训中心的规章制度和实习纪律 4. 按国家有关法规，发生重大事故者，取消实习资格，并且实习成绩为零分 5. 遵守6S有关管理要求			5×2			
合计								

2. 总评分

进行总评，并填写学生成绩总评表，见表10-8。

表10-8 学生成绩总评表

序 号	评 分 组	成 绩	百 分 比	得 分
1	检测工件分（教师）		30%	
2	学生自评分		20%	
3	学生互评分		20%	
4	教师评分		30%	
合计				

三、总结

1)《机械非标零部件手工制作》学习结束了，请写一篇工作总结报告。

_____

_____

_____

2）填写学习情况反馈表，见表10-9。

表10-9　学习情况反馈表

序　　号	评 价 项 目	学习任务的完成情况
1	工作页的填写情况	
2	独立完成的任务	
3	小组合作完成的任务	
4	在教师指导下完成的任务	
5	是否达到了学习目标	
6	存在的问题及建议	

学习拓展

1）矫正厚板，锤击凸处即可，对吗？（　　）

2）铆接用在什么地方？请说出铆接的方法。

3）如何刃磨如图 10-4 所示的薄板钻？

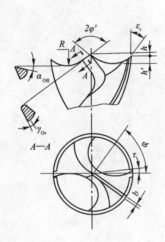

图 10-4 薄板钻

参 考 文 献

［1］赵志群．职业教育工学结合一体化课程开发指南［M］．北京：清华大学出版社，2009.

［2］姜波．钳工工艺学［M］．4 版．北京：中国劳动社会保障出版社，2005.

［3］谢增明．钳工技能训练［M］．4 版．北京：中国劳动社会保障出版社，2005.

［4］侯文祥，逯萍．钳工基本技能训练［M］．北京：机械工业出版社，2008.

［5］陈雷．钳工项目式应用教程［M］．北京：清华大学出版社，2009.

［6］人力资源和社会保障部教材办公室．机械制图［M］．6 版．北京：中国劳动社会保障出版社，2011.

［7］人力资源和社会保障部教材办公室．金属材料与热处理［M］．6 版．北京：中国劳动社会保障出版社，2011.

［8］人力资源和社会保障部教材办公室．机械基础［M］．5 版．北京：中国劳动社会保障出版社，2011.